電気釜でおいしいご飯が炊けるまで

—ものづくりの目のつけどころ・アイデアの活かし方—

大西正幸 著

技報堂出版

はじめに

「米と水をいれ、スイッチを押せばご飯が炊ける！」。現在ではごく当たり前のことですが、わずか五〇年前までは思いもよらないことでした。一九五五（昭和三〇）年、わが国で初めて自動式電気釜が発売されました。「おいしいご飯が自動で炊きあがる…」それは、まさに夢の商品でした。日本中の主婦が電気釜を買い求め、瞬く間に普及しました。その後、一二時間の保温機能が付き、ＩＨ加熱方式が出るなどさまざまな技術改良が加えられました。これまでの累計では、約五億台販売されたといわれています。現在、わが国では買い替えを中心に年間約六三〇万台が販売されています。各企業は、さらにもっとおいしく炊けるようにと激しい技術競争を繰り広げています。

日本人は、三〇〇〇年以上も前の縄文時代後期から「かまど」でご飯を炊いてきました。全国の古墳のかまど跡から甕《かめ》、甑《こしき》、土《ど》なべ、鼎《かなえ》、須恵器《すえき》などが数多く出土しています。これらのご飯を炊く器《うつわ》は、米とともに中国や朝鮮半島から伝来してきました。

平安末期から中世に入り、鉄器や陶器が普及するなかで、釜に鍔《つば》を巻いた日本独自の羽釜《はがま》が出現しました。この鍔は、釜がかまどにすっぽりと入るのを防ぐとともに、隙間から炎がむだに出ることも防いでいます。考古学では、当初は米を煮て食べており、後に蒸す方法に変わり、中世になって釜で炊く方法に戻ったといわれています。進化する過程で、江戸時代には羽釜に分厚い蓋《ふた》を載せるようになり、おいしいご飯の炊き方が定着してきました。

ご飯は、私たち日本人の主食です。ご飯を、毎回おいしく食べるために、どんな工夫が必要でしょうか。電気釜は、なぜ失敗なくおいしく炊けるのでしょうか。このような疑問に答えるために、長年電気釜の開発に携ってきた経験を生かし、電気釜の歴史としくみについて小冊にまとめました。

多くの家電商品、とりわけ生活家電商品は欧米で開発され、わが国に輸入されたあと日本人の工夫が加えられて発展してきました。しかし、電気釜はわが国が発明した数少ない電気製品のひとつです。

電気釜の技術開発の原点は、古代からの「かまど」にありました。その電気釜の出現が、わが国の生活文化を根本的に変えました。不便・不快文化から、快適文化に変貌させたといっても過言ではありません。電気釜の普及につれて「かまど」のある土間が取り払われ、清潔な板の間（フローリング）の台所が出現しました。気がつけば、日本の住居《すまい》を変えていました。

本書は、中学生や高校生、そして大学生の皆さんにも十分理解していただけるように、「電気釜とそれを取り巻くさまざまなことがら」をていねいに解説し、その本質に迫る副読本を目指しました。さらに、社会人とくに炊飯に興味をもたれる方々にも、「おいしいご飯を炊く技術」など、参考になる関連事項を沢山盛り込みました。

この半世紀にわたる電気釜の歴史を紐解く中で、なぜいまもって家電メーカーが「おいしく炊く」努力を続けているのか、その理由を掘り下げてみましょう。

＊本書では、一般用語としてご飯を炊く電気器具を「電気釜《でんきがま》」と呼びます。ほかに炊飯器《すいはんき》、保温機能が付いたものでは保温釜《ほおんがま》、ジャー炊飯器、炊飯ジャーなどの呼称がありますので、説明箇所により表現が変わることをご了承ください。ＪＩＳ用語にも、複数の呼称が決められています。これらの呼称は、各企業の開発の歴史と大いに関連がありますので、統一するのは困難なようです。

＊とくに説明のない図（イラスト、グラフなど）は、筆者が描いたものです。

目次

第四章　おいしいデザイン　「単色塗装」、「花柄」、「ステンレス」、さてさて——89

第五章　おこげがご馳走　「おかゆ」、「無洗米」、「おこげ」、なんでも炊ける——109

第六章　ＩＨ釜の時代　「クラッドなべ」、「溶湯鍛造なべ」、「土なべ」、その次は——129

第一章　電気釜の誕生

「電気竈《かまど》」、「電熱煮炊《にすい》器」、「電気飯炊《はんすい》器」、そして

1

女性解放と住宅革命をもたらした

―主婦の宿願だった「自動式電気釜」―

〝かまど〟が原点だった

日本人は、三〇〇〇年以上も前の縄文時代後期から〝かまど〟でご飯を炊いてきました。全国の古墳のかまど跡から甕《かめ》、甑《こしき》、土《ど》なべ、釜《かま》、鼎《かなえ》、須恵器《すえき》などが数多く出土しています。これらのご飯を炊く調理器は、米とともに主に中国や朝鮮半島から伝来してきました。平安末期から中世に入り、鉄製や高温で焼いた陶器が普及する中で、釜に鍔《つば》を巻いた日本独自の〝羽釜《はがま》〟が出現しました。釜がすっぽりと入り込むのを防ぐとともに、羽釜をかまどから外して底の煤《すす》も水で洗うようになりました。

考古学では、当初は米を煮て食べており、後に蒸す方法に変わり、中世になって釜で炊く方法に戻ったといわれています（**図1-1**参照：十日町市博物館）。

少しずつ進化する中で、江戸時代には羽釜に分厚いふたを乗せるようになり、おいしいご飯の炊き方が定着してきました。この時代から「初めチョロチョロ中パッパ、赤子泣いてもふた取るな。……」などの名言が言い伝えられるようになりました。これが、現在わたしたちが日常使っている自動

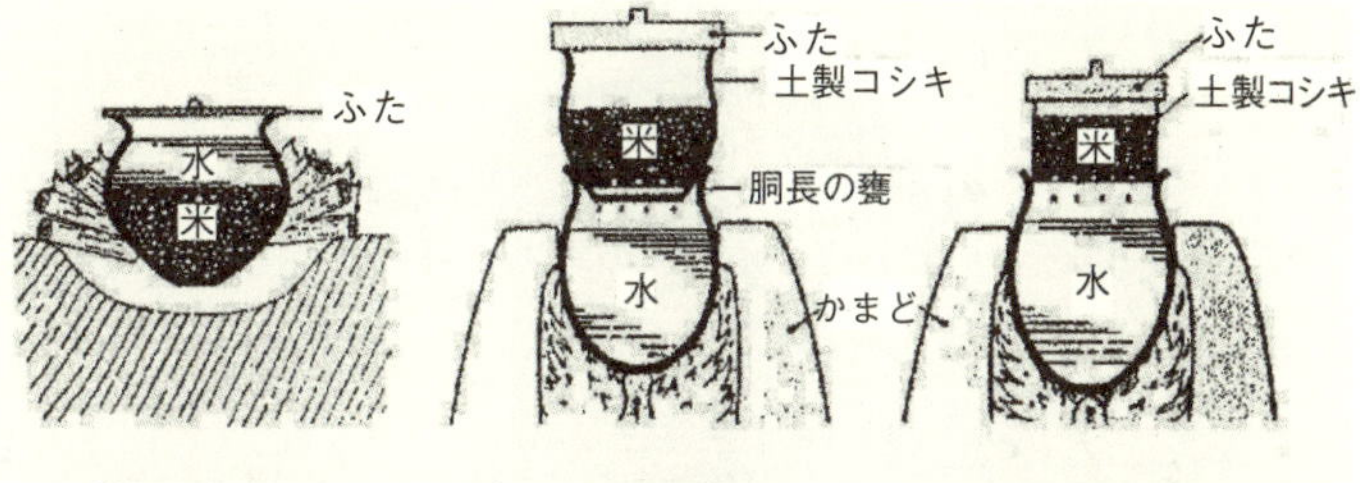

粥（かゆ）を煮る（弥生時代）　飯（おこわ）を「蒸す」（古墳時代）　飯（おこわ）を「蒸す」（古墳時代）

図-1　古代の米の調理法（資料：十日町市博物館）

式電気釜の理論の原点です。

■赤子泣いてもふた取るな……

「ご飯を炊く」という作業は、古来女性（主婦）の仕事として位置付けられていました。日本の主婦は、誰よりも朝早く起きてかまどにわらや薪《たきぎ》を焼《く》べ「飯《めし》炊き」作業をしていたのです。飯炊きは、水加減、火加減が難しく少しでも間違うと焦《こ》げたり生煮《なまに》えとなり、毎日三回炊いていてもなかなかコツがつかめずたいへん気配りのいる作業でした。

しかも、この作業は朝、昼、晩と一日三回、一年で三六五日……一〇九五回も必要でした。一回の作業を一時間とすると、年間一〇九五時間……八時間で割ると約一三七日分の重労働です。

わが国の文明開化が明治、大正、昭和と駆け抜けていくこの時期、すでに大正時代には多くの企業が〝電気式の釜〟を考案し売りだしていました。しかし、単に薪のかわりに電気を使うだけですので、側にいてスイッチを自分で切る必要があ

図-2　初代の自動式電気釜（RC-6K）（東芝）

りました。これでは主婦の朝、昼、晩、の各一時間の労働は減りませんから、ほとんど商品価値が認められず売れません。

そして一九五五（昭和三〇）年、東芝からはじめて自動式電気釜が開発され、発売にこぎつけました。まさに「初めチョロチョロ中パッパ、赤子泣いてもふた取るな。……」を自動化した理想の電気釜でした。水加減を上手にすれば、ふっくらとしたおいしいご飯がスイッチひとつで炊き上がる夢の商品です。関係者のたいへんな苦労の末に生み出した商品であり、その秘話についてはNHKの〝プロジェクトX〟で紹介されています。

■電気釜は生活革命

家電各社も次々と自動式電気釜を発売しました。日本中の主婦がこれらの電気釜に飛びつき、瞬く間に普及していきました。これまでに、累計五億個販売されたといわれている大ヒット商品です。

自動式電気釜の発明が、女性の社会への進出を可能にしたといっても過言ではありません。さらに、この商品が生まれたことで、生活を大きく変えることになりました。当時、台所といえば〝土間〟が普通で、居間など他の部屋とは切り離すか、もしくは間仕切りをきっちりしていました。土間の中ほどに土でできた〝かまど〟があり、かまどからは煙突が屋根の上に伸びていました。わらや薪を燃やすと、煙の一部は煙突から出ますが、そのほとんどは部屋の中に充満し、壁などはすすで黒く汚れていました。また、真夏のご飯炊きは暑くて汗だくの厳しい作業でした。

しかし、電気釜の普及につれて土間が取り払われ、清潔な板の間（フローリング）の台所（キッチン）がつくられ、そこに近接した居間兼食堂（リビング・ダイニング）が出現しました。今では、台所と居間がつながり、ひとつの部屋の中で調理や水洗いをしながら家族と談話ができる対面式が増えていますが、自動式電気釜がなかった時代には考えられない変化です。

自動式電気釜の開発は、女性解放の生活革命であると同時に住宅革命をもたらしたのです。

参考文献

〈1〉大西正幸「かまど炊き風電子保温釜」東芝レビュー、35-5(1980)476-480
〈2〉「炊飯器改良は食味追及の歴史 東芝 大西正幸」商経アドバイス(1987・1・1)
〈3〉伊藤健三「ご飯をおいしく炊く技術」日本機械学会誌、102-967(1999)40-41
〈4〉「にっぽん家事録」建築資料研究社(2002・5・21)024-063

2
「電熱煮炊器」とは
―手動式電気釜の時代―

■手動式でも文明の利器

日本の夜明け、一八八二年(明治一五年)初めて東京・銀座に電灯(アーク灯)がつきました。わが国は、産業に家庭に電気応用商品が普及をはじめました。そこで、ご飯を炊く電気器具は、どのように発展してきたのか調べてみました。

一九五五年(昭和三〇)年、自動式電気釜が発明されました。ところが、じつはそれ以前から電気釜は存在していたのです。ただし、手動操作の電気釜であり、スイッチを入れると同時にじっと見守りながら煮炊きする器具でした。かまどで炊くように、薪《まき》をくべる必要がないものの、ふきこぼれそうになるとふたを取るか、電気を切るなど、炊き上がるまでそばについていなければなりませんでした。それでも薪がいらず煙は出ないから、一応文明の利器といえます。ただし、価格は高くて庶民には手が届きませんでした。

発明協会の報告書「家庭電化製品」(一九九五年)によれば、東京の鈴木商会が一九二一年(大正一〇年)「炊飯電熱器」を初めて発売したと記録されています。かまどの中に電熱体を組み込んでありまし

図-1　電熱釜と電気七輪（資料：小林孝子 論文）

た。二升炊飯器（二・五kw）が価格六〇円、三升炊飯器（三・八kw）が価格七〇円でした。続いて一九二四年（大正一三年）、大阪の立花商会が発売しました。昭和初期には、東京の早苗商会が「電気釜（電化釜）」を発売しました。

■考現学より見たる一家庭

それから十数年後のことです。一九三六（昭和一一）年小林孝子が、日本女子大学において卒業論文「考現学より見たる一家庭」を提出しました。彼女は、非常勤講師今和次郎の指導により、『明治末期の五年間、大正、昭和にわたって存在した一家庭を、あらゆる角度から眺め、いわく因縁をただし、不思議に思われるものはその趣をそのまま書きしるした』のでした。自分の家にあるものを徹底的に調べて膨大な数のスケッチや、カタログの写真を使って記録していました。この資料の中に、当時の家電製品が多数あり「万能電気七輪」や「電熱釜」と書き添えた写真がありました（**図-1参照**）。先の資料と照合すると、「万能電気七輪」は鈴木商会製と推定されます。また、「電熱釜」は三菱電

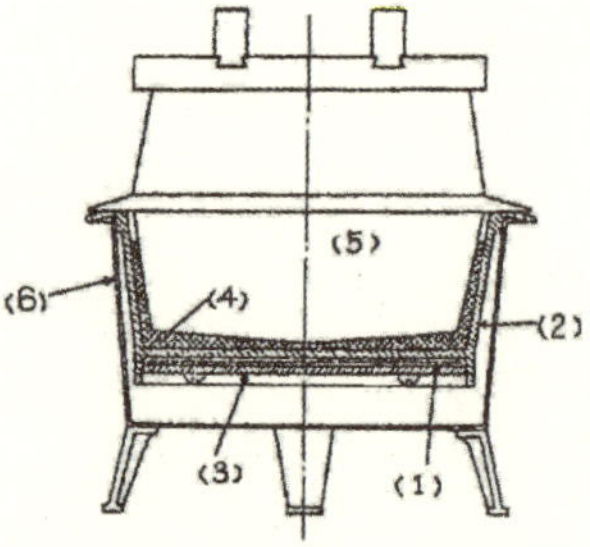

図-2　炊飯電熱器（実用新案公告 第5526号）

機製の「電気釜N-1」であることがわかりました。三菱電機デザイン史（二〇〇四年三月発行）には、ずばりの写真がありました。一九一六年の家賃が一七円、一九二一年に家を四〇〇〇円で購入したそうです。現在に換算すると、炊飯電熱器（七〇円）は一〇〇万円くらいの価格でしょう。その貴重な資料が、現在は工学院大学の図書館に所蔵されており、二〇〇三年九月一三日～一一月一六日江戸東京博物館において「東京生活流行展」として公開されました。

■ご飯も、煮物も〝電気で煮るなべ〟

当時（大正時代）の技術を、特許出願状況から調べてみますと、その大部分が、**図-2**のように、羽釜の底にヒータが組み込まれた構造でした。出願された特許明細書の呼称は「電気竈《かまど》」、「煮炊用電熱器」、「電熱煮炊器」、「電気煮炊器」、「電熱竈《かまど》」、「電気飯炊《はんすい》器」など、まだ名称が定まっていないことを示していて興味深いものばかりです。当時は、ご飯も、煮物も炊ける〝電気で煮るなべ〟の感覚でした。

昭和に入ると、家電メーカー各社の出願が増えてきます。一九三二（昭和七）年、三菱電機が釜の底に発熱体を設けた「電気釜」（前出）を発売しました。『電気の差込口にプラグを挿入してから約三〇分後で吹き始めるから、後二～三分してプラグを抜取り、後は余熱を利用して蒸すこと約一五分でおいしいご飯が出来上がる』と紹介しています。その後一九五四（昭和二九）年、松下電器が「ご飯も炊ける軽便炊事器」を発売しました。

いずれもなべに電熱器（ヒータ）を組み合わせた単純なもので、薪をくべるより少し楽といった程度の省力しか望めませんでした。「手動式電気釜」であり、ほとんど普及しておりません。

しかし、これらはその後はじまる「炊飯の自動化」を十分予感させました。

参考文献

〈1〉「電気釜開発史　家庭電化製品」発明協会（1995・3）88-107
〈2〉「家庭電気機器変遷史」家庭電気文化会（1999・9・20）9-10
〈3〉「三菱電機デザイン史」三菱電機（2004・3）

3

おいしさは蒸《む》らし効果です

―自動式電気釜のしくみ―

■眠っている間に、かってに炊飯

一九五五（昭和三〇）年、東芝がはじめての自動式電気釜を発売しました。指定した時間にスイッチを入れるタイムスイッチも同時に売りだしたので、眠っている間に炊き上がります。朝早く起きる必要がなくなったのです。日本中の主婦が、その便利さに驚いて電気釜を買いに走り、大ヒット商品となりました。そこで、電気釜の使い勝手のよさを分析してみました。

まず第一に、かまど炊きのようにわらや薪《たきぎ》を燃やし続ける作業がいりません。第二に、どの時点で火力を落とすかなど考える必要がありません。第三に、焦《こ》げ・生煮《なまに》えなどの失敗がありません。第四に、決まった時間に炊けます。第五に、煙や煤《すす》が出ません。

言い換えますと、①朝早く起きて作業する必要がない、②都度の工夫がいらない、③失敗がない、④時間の節約（健康的）、⑤台所が清潔、となります。

■ご使用の手引き……当時の説明書から

「御飯炊きのじょうずなコツ……いつも同じように美味しい御飯を炊きあげるコツは、水加減と火加減、それに上下平均して熱を加え、それに蒸《む》らしの時間だけ温度を落とさぬ工夫が大切だと言われています。昔から堅いまきでたくと美味しいといわれたのはしらずしらずの間にこのコツが生かされていたわけです。しかし、昔ながらのご飯炊きにも、より文化的に楽しい生活のためには、いろいろと科学的に研究されるようになりました。……(原文まま)」

さらに続けて……「電気釜はなぜ美味しく炊けるか……電気釜は直接鍋底に火があたることがなく、外釜に入れた水の伝える熱とその蒸気熱によって内鍋のまわり全体から熱を加えますので、鍋の中のお米は踊ることなく、(お米とお米が擦れ合わない)静かに炊き上がります。……スイッチが切れました後の余熱(摂氏一〇〇度)はたいへん保ちがよいので、よく蒸れましてふんわりと風味のある御飯が炊きあがります。……電気釜はスイッチを入れれば、あとは火加減・おこげ・ふきこぼれ・半炊きなどの心配もなく、炊き上がるとひとりでにスイッチが切れ、しかも十分に余熱を利用しますから電気代に無駄がありません(原文まま)」

かまどと羽釜の生活をしている顧客へ、はじめての自動式電気釜を理解してもらうために、苦心の説明をしています。

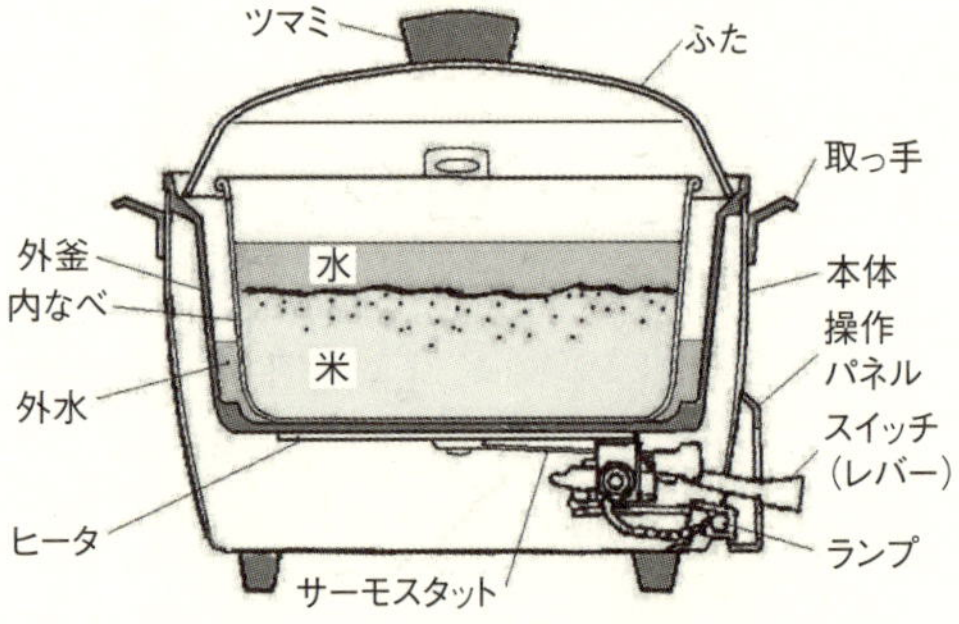

図-1　自動式電気釜の構造図

■どうなっているの？　電気釜のしくみ

自動式電気釜は「間接炊き」と呼び、後に出てくる「直接炊き」と区別していました。構造図をご覧ください。

本体に、アルミ鋳物《いもの》により出来た外釜《そとがま》が取り付けられ、その底部にヒータがあります。外釜の底中央には、感熱部に接するようにスイッチ（バイメタル式サーモスタット（注１））があります。

操作パネルに、スイッチ（レバー）があります。炊飯する前に、外釜にあらかじめ少量の水を入れておきます。この水のことを「外水《そとみず》」と呼びました。内《うち》なべには、研《と》いだ米と必要な量の水を加えます。ふたをして準備完了です。

炊飯開始は〝スイッチ用のレバーを押す〟だけです。あとは、電気釜まかせです。タイムスイッチを取り付けセットすれば、次の朝、ふっくらほかほかのご飯が勝手に炊き上がります。もう朝早く起きて、かまどの前にすわりワラや薪を燃やし続けることはありません。

さて、電気釜の内部では、どんなことが起こるのかみてみましょう。
（1）スイッチを押すと、ランプがつきヒータに通電する（ON）。
（2）外釜が加熱され、その熱は外水と内なべ、さらに内なべ内の水と米へと伝わる。
（3）しばらくすると、外水と内なべ内の水が沸騰《ふっとう》を始め、米は吸水して急速にふくらむ。
（4）内なべの水（湯）が無くなり、つづいて外水が蒸発してなくなると、外釜底部の温度がぐんぐん上がる。
（5）一〇〇℃を超えて上昇すると、サーモスタットが感知しスイッチとランプが切れる（OFF）。
こんなにたくさんの工程を、自動化しています。さらに、電気釜にはいくつかの仕掛けがあります。
① 水の蒸発は、タイマー代わりになっている。外水の量や、サーモスタットの働く温度などに工夫があり、ちょうどよい炊き加減となる。ご飯はお焦げや生煮えにはならない。
② 炊き上がるとき、外水が蒸発するのでご飯の表面が乾燥しにくい。
③ 内なべ、外釜、本体（外郭）と三重になっていて、保温効果があり冷めにくい。
このように、蒸らし効果と保温効果にすぐれていて、ご飯のおいしさや温かさを長持ちさせることができました。

（注1）　バイメタル式サーモスタット：熱膨張の異なる金属を張り合わせたバイメタルと接点で構成されており、温

度上昇するとバイメタルが膨張して、接点を動作します。

サーモスタットの語源は、「温度とか熱を表すThemo」と「一定にするという意味のStat」との合成語です。

参考文献

〈1〉山田正吾他「家電今昔物語」三省堂(1983・7・10)
〈2〉「電気釜開発史 家庭電化製品」発明協会(1995・3)88-107

イラスト：柳田早映

コーヒーブレイク

❶おひつのはなし

おひつ（櫃）は、炊き上がったご飯を入れておく木製の容器で、正式には飯櫃《いいびつ》といいます。そのむかし、ご飯は鉄製かアルミ製の羽釜《はがま》をかまどにかけて直火で炊きました。薪《まき》で炊いたご飯はおいしいです。しかし、金属製の羽釜はご飯が冷めやすく、冷めると余分な水分が結露し、そのまま置いておくとご飯がびちゃびちゃになります。冷ご飯は味が悪く、夏場は腐りやすくなります。そこで、炊きあがったご飯をおひつに移しました。

おひつは椹《さわら》や杉材が使われます。椹は、木目がつんで木肌が美しく、粘りがあって強いです。また、木質が柔らかく加工容易です。水に強くて腐りにくく、風呂桶などにも使われていました。

ご飯をおひつに移しておきますと、木が程よく水分を吸収して、ご飯が蒸れません。冷めてもご飯が硬くならず、粒がしっとりとして柔らかく、味が変わりません。炊きたてのご飯を入れたおひつに布巾《ふきん》をかぶせて、湯気を吸収させる工夫もしていました。

おひつは、ご飯の保存容器で、外気を遮断する気密性と同時に、保温が大事な目的でした。保温力に優れていますが、そのままでは長時間の保温はできません。長く保温するには、おひつをさらに保温力のある容器でくるむ必要がありました。とくに冬場は、わらで編んだ容器に入れて保温しました。容器は、地方によりイズミ、イジメ、イズメ、イレコ、ワラコなどと呼び方もいろいろでした。この中に入れておくと、半日くらいは十分に保温できました。

しかし、夏の蒸し暑い日には、ご飯を腐らせてしまいます。夏場の保存は、通気が必要でした。そこで、食べ残したご飯をざるや飯かご、取手付きの手かごなどに入れて、風通しのいいところにおいたり、軒下につるしておきました。

おひつは、手入れさえよければ何代にもわたって使えます。

参考文献

〈1〉 遠藤ケイ「暮らしの和道具」ちくま新書（2006・6・10）

4 男の発明ごころ

―特許《とっきょ》にみる電気釜の揺籃期―

■終戦と同時に出願が増えた……

わが国で、はじめて手動式電気釜が発売された一九二一（大正一〇）年頃から、特許・実用新案の出願が始まりました。以来、一九六〇（昭和三五）年前後までの出願傾向について調べてみました。特許庁に出かけて公報をめくってみたところ、いくつかの特徴があることがわかりました。

当初（大正～昭和初期）の技術は、その大部分が羽釜の底にヒータが組み込まれた構造でした。一九二五～一九三九（昭和元～一四）年頃までボツボツ出願されていますが、その後戦時体制に入りパッタリ止まりました。しかし、一九四五（昭和二〇）年終戦と同時に出願が増えました。「どっこいへこたれるものか！」といった気概が感じられて頼もしい限りです。

一九五〇（昭和二五）年頃は、一息ついた感じがします。そして一九五五年頃に、出願が急増します。

一九五五年以前は、主に個人の発明家が出願していましたが。一九五五年の自動式電気釜発売と同時に、「機は熟したり！」と大手家電メーカーが一斉に進出をはじめました。

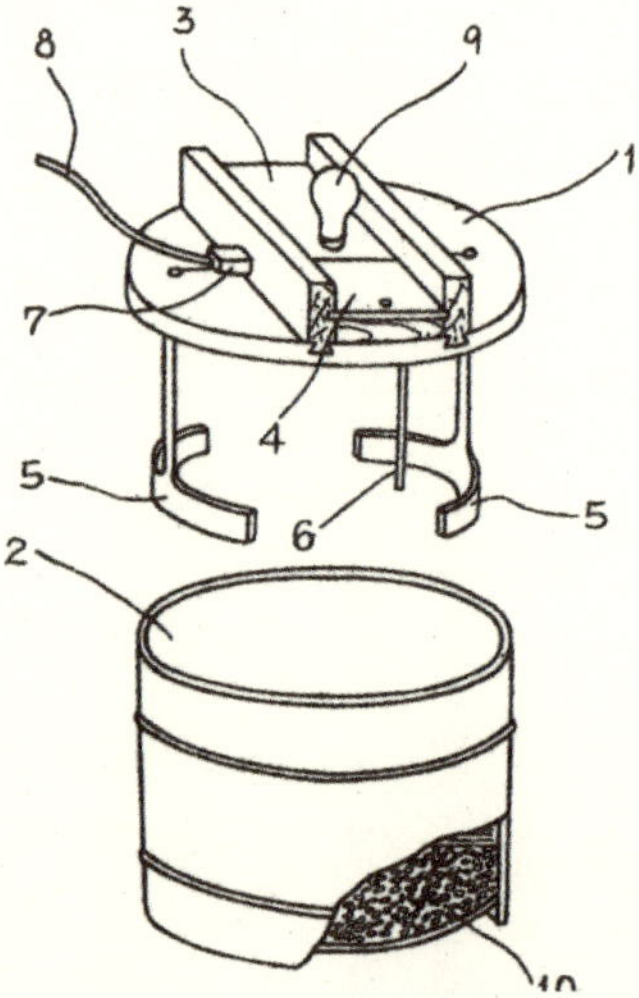

図-1　電極式電気炊飯器（実用新案登録 第356955号）

■おひつに電極を直接投入

さて、これら電気釜の出現が、日本の台所を変えていったのですが、それは当時の主婦たちが願って生み出されたのではないということです。ＧＫ研究所の山口昌伴氏によれば、『（電気釜は）男たちのからくり道具に凝《こ》ったあげくの夢の産物であった』、さらに『日本の近代の台所は、発明狂の食指の的となった。その結果が（電気釜の発明となり）世界でも稀有《けう》な、一つのスタイルを台所に形成した』と述べています。洗濯機や、冷蔵庫など多くの家電製品は、アメリカやヨーロッパの製品から学び日本流にアレンジされてきたものですが、電気釜はわが国オリジナル商品の最たるものなのです。

戦後出願された特許の大きな特徴は、

「なべの中にいきなり電極を入れた構造」が多いことです。例えば、実用新案登録第356955号（実公昭21-2224）をみると、おひつに電極を直接投入するやり方です。子供の頃の遠い記憶ですが、長方形の木箱に電極板を入れて、いかにも手づくりの〝電気パン焼き器〟が使われていたのを見た覚えがあります。食糧事情から、貴重品の小麦粉に増量のための芋を細かく切って混ぜ込み、膨らし粉（ベーキングパウダー）を入れました。当時、イースト菌は出回っておりません。これらは、戦後〝にわか発明家〟が商品化してこずかい稼ぎをしたといわれています。しかし、下手をすると感電しかねない怖い代物でした。

■保温構想から実現までに五〇年

たいへん重宝している保温機能も、確立するまでに時間がかかっています。断熱材を入れた「保温を強く意識した構造の釜」としては、一九二二年の実公第4286号、一九二七年の実公昭2第4550号など多数みられます。このように保温構想そのものは、大正初期からありました。また、主ヒータから弱ヒータに切り替えるだけの電気釜も、実公昭32-10768、実公昭33-1289などで出願され商品化されました。しかし、断熱構造が十分でなく、熱の供給バランスもわるく、保温時間は数時間が限度でした。そのため、局部的にご飯が硬くなるので、あまり利用されませんでした。

一九七二（昭和四七）年、三菱電機が「本格的に自動化された保温釜」を開発しました（図Ⅰ-2参照）。本体周りを二重構造にし、そのなかに断熱材と保温ヒータ（コードヒータ）を組み込んであります。

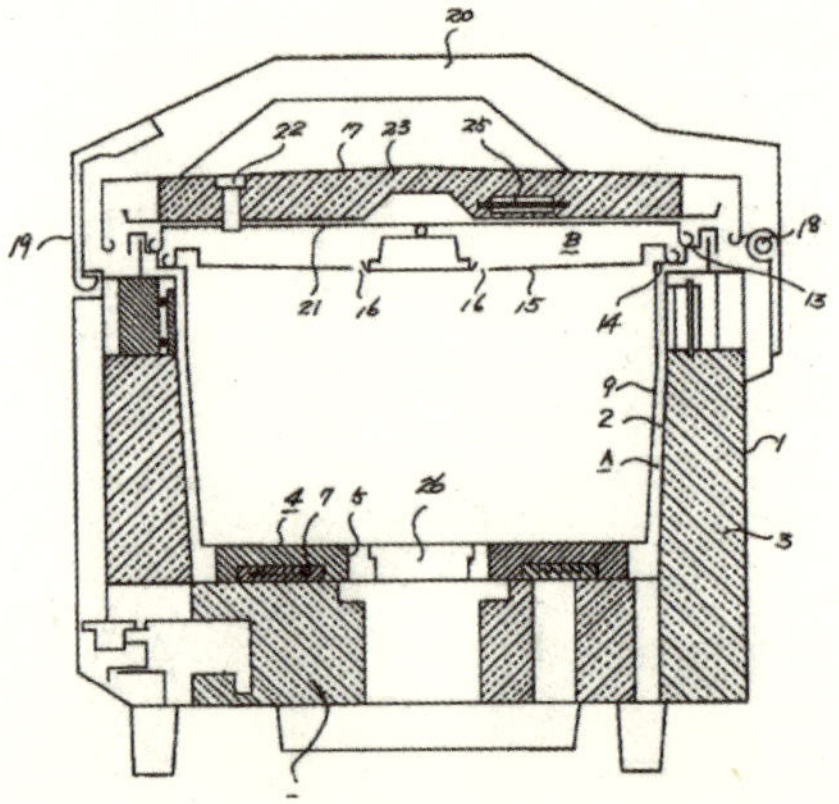

図-2　保温式炊飯器（特公昭51-35908）

炊飯終了と同時に、自動的に保温に切り替える点と、約七三℃に制御できることが新しい技術です。一二時間保温の実現です。

男の発明ごころから生まれた電気釜は、改良を重ねる中で主婦の願望に一致しました。自動式電気釜は、次々と新たな機能が追加され、その便利さからさらに普及を加速しました。

〝電気釜（炊飯器）〟を掘り下げてみますと、なかなか奥が深い商品です。

参考文献

〈1〉高橋正晨 他、特許公報「保温式炊飯器」三菱電機、昭51-35908公告（1976・10・5）

技術ノート――目のつけどころ

1 取っ手とハンドル

電気釜が誕生した一九五五年以来、置き場所については各家庭の事情で定まった場所がないようです。例えば、台所で、米を研《と》いで炊飯スイッチを押し、炊き上がると本体をダイニングルームに運んでご飯をよそう家庭が多くあります。もちろん、炊いた場所にそのまま置いてある家庭もあります。

初めての電気釜は、それまでの釜やなべと同じように左右に取っ手がありました。取って式は、両手でつかむ必要があります。

ところが、一九七二年にジャー炊飯器が開発されたとき、片手で持てるふた取っ手になりました。その背景には、すでに〝電子ジャー〟（保温のみ行う機器）のデザインがふた取っ手でしたので、それを踏襲《とうしゅう》したというものがあります。また、このときふたはヒンジのある構造となりました。その理由は、ふたに保温ヒータを取り付けるため、リード線を本体とつなぐ必要がありました。

その後、一九八八年には左右の取っ手やふたハンドルのない、つるりとしたシンプルデザインが出現しました。本体がプラスチックに変わり、曲面の多い新しいデザイ

1955年　1972年　1988年　1993年

取っ手とハンドルの歴史

ンが可能になった時期です。

持ち運ぶときは、両手を本体の下に差し込んで抱えるようにします。手が差し込みやすいように、本体下面に少し凹みがありました。このデザインは、珍しかったのですが、あまり便利ではなく長続きしませんでした。

一九九三年に、片手で運べるハンドルが登場しました。数年の間に、ほとんどすべての商品がこのハンドル式になって今日に至っています。じつは、過去の三合炊き電気釜に、ワイヤ式のハンドル付きがありました。また、以前から保温ポットにはこのハンドルがついていました。

ＩＨ釜のように、重い商品でもこのハンドルは便利だとわかりました。

ハンドル式の便利さがわかり、その後他の商品でもハンドル付きが増えています（写真参照）。

第二章　保温釜の進化

三時間、一二時間、二四時間、そのさきは

5 その保温はおいしいの
―何時間保温を続けますか―

■数時間しか保温できない

炊飯後に、何時間たってもおいしいご飯を食べることができるなら、一度に大量炊飯したくなります。しかし、現在のところは時間とともに味が落ちます。さらには臭くなり、食べることができなくなってしまいます。

一九七二(昭和四二)年、三菱電機がはじめてジャー炊飯器(保温釜)を発売しました。これは電気釜に電子ジャーの保温機能を組み合わせた構造です。これでご飯を炊くと、その後一二時間の保温ができるようになりました。保温温度は約七三℃です。したがって、朝三回分のご飯を一度に炊いておけば昼も、夜も炊かなくても、アツアツのご飯が食べられます。主婦からは歓迎され、瞬く間に普及していきました。

それ以前の電気釜の時代においても、何とか保温したいと〝弱ヒータ〟を取り付けた機種も開発されました。当時の技術は「サーモスタット」を使ってON-OFFを繰り返していました。「サーモスタット」は、温度の変化が大きいので、ONのときは高温になり、OFFのときは相当低温まで下

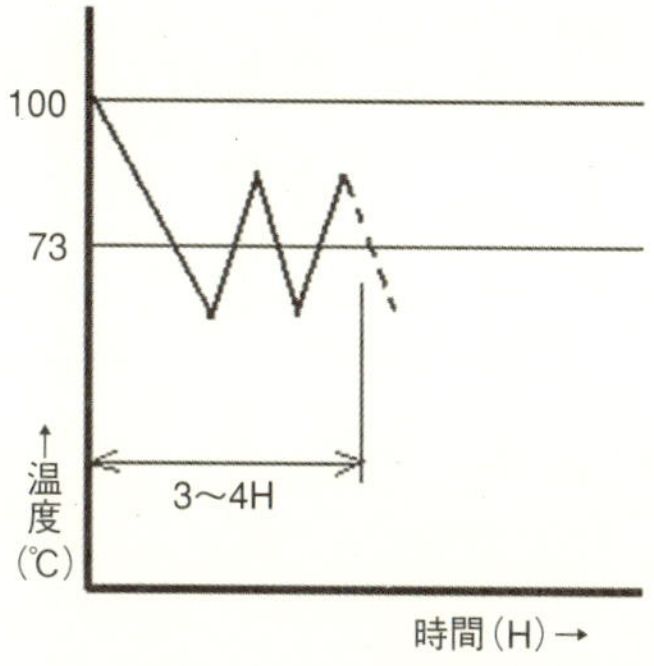

図-1　3〜4時間保温

がるような凹凸の激しい状況でした。数時間もするとご飯が硬くなり、場合によっては底のご飯が焦げるなど長時間の保温には不向きでした。さらに厄介なことに、ご飯が六七℃以下になると、自然界にいる枯草菌（こそうきん）が繁殖し、腐敗しやすくなります。したがって、電気釜の保温は三時間程度が限界でした。

■枯草菌《こそうきん》は、空気中にも広く分布

枯草菌は、学名をバチルス サブチルス（Bacillus subtilis）とよび、土壌や枯草のなか、空気中にも広く分布しています。枯草菌は、熱に対する抵抗力が強く、胞子を完全に死滅するには一四〇℃以上の温度で一時間以上加熱しなければなりません。また、枯草菌は四〇〜五五℃レベルの温度で増殖しますので、通常は六〇℃以上にコントロールしておけば著しいにおいが出ることはありません。幸いなことに、人に対する病原性がありませんので医学上も問題視されることはありません。

■二四時間保温は〝チン！〟に勝てますか

電子ジャーは、新しく登場した「サーミスタ」という電子部品を使用しました。「サーミスタ」は、微小電流をきめ細かくコントロールでき、ご飯の温度を七三℃近辺に保つことができました（**図-2**参照）。

ご飯の温度は、枯草菌の繁殖温度まで下がりません。また、焦げができるほどの高温にもなりません。

ジャー炊飯器としては、一二時間保温の時代は長く続きましたが、実際に利用する人はたぶん徐々に減少したと思われます。理由はかんたんです。強敵が現れました。それは、冷凍冷蔵庫と電子レンジとラップです。ご存知のように、炊きたてのご飯をラップで包み冷凍し、食べたいときに電子レンジで〝チン！〟すれば炊きたてに近いおいしさで食べられます。長く保温したご飯は、味とにおいがどうしても気になります。

一九九六年頃、ジャー炊飯器はさらに長時間保温が可能となりました。一例ですが、**図-3**のように朝ご飯を炊くときは、お昼がすんだあとの時間帯に一度保温温度を六五℃程度に落と

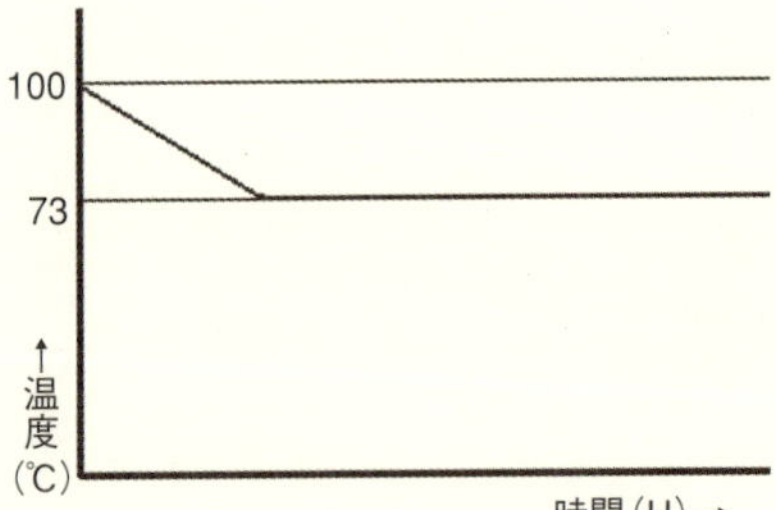

図-2　12時間保温

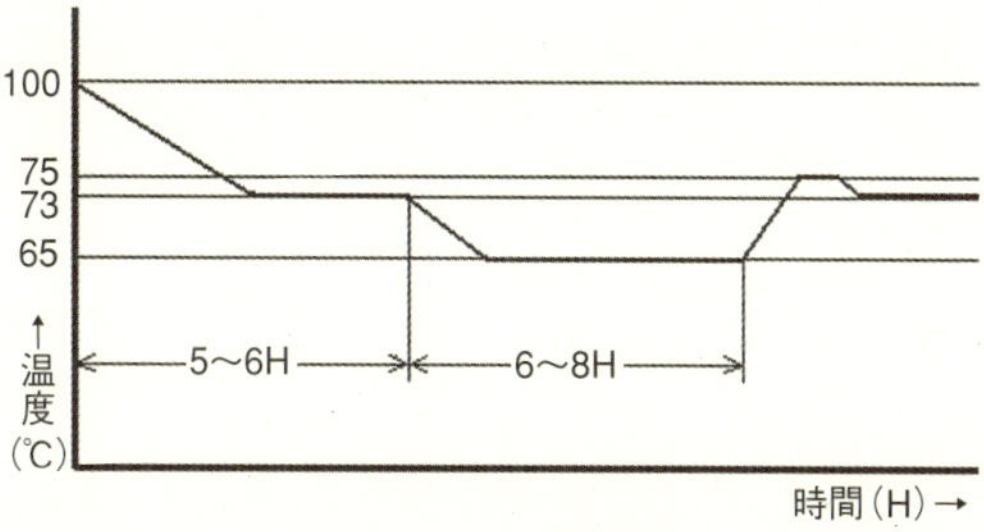

図-3　24時間保温

し、六～八時間後に温度を七三℃に上げる方法です。夜炊く場合は、真夜中の時間帯を六五℃程度の温度に落とします。したがって、朝ごはんの時間には七三℃に戻っています。この方法により、これまでの倍の二四時間保温ができるようになりました。しかし、やはり電子レンジの〝チン！〟にはおよびません。冷凍冷蔵庫と電子レンジとラップの威力がわかっている以上、企業もこれ以上の長時間保温を研究する意義はなさそうです。

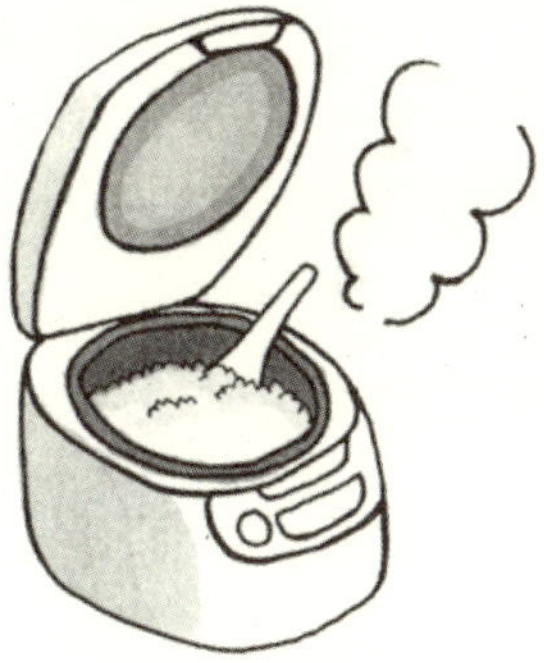

イラスト：柳田早映

6 おひつが消えていった時代

―電気釜の種類と特徴　その一（一九五五～一九七八）―

■一日一回炊けばよい

かまどでご飯を炊いていた時代は、むらしが終わるとご飯はすぐおひつにとり（移し）、卓袱台（ちゃぶだい：すわり食卓）の側にもって行きました。羽釜はかまどに置いたままでした。そのわけは、羽釜は重く、底が煤《すす》で汚れていたからです。しかも、羽釜の底は丸みがあって不安定でした。ふたのあるおひつは、しばらくの時間は保温効果がありました。また、余分な水分を吸収しますのでおいしさを維持する役目も持っていました。

一九五五（昭和三〇）年、「間接加熱式」（一二ページの**図I-1**）と呼ばれる自動式電気釜が開発されたあと、各社は「直接加熱式」（**図I-1**）と呼ぶ電気釜を発売しました。しばらくは、この二方式が続きますが、一九七二年、三菱電機がはじめて「ジャー兼用電気釜」を開発しました。その構造は、側面とふたを二重にし、その中に断熱材としてグラスウール（ガラス繊維）を入れるとともに、保温のためのコードヒータが取り付けてありました。ここで、初めて一二時間の保温ができるようになりました。保温温度は七二～七三℃でした。

朝、三食分を一度に炊飯すれば夜まで暖かく保温できる釜の誕生です。一日一回炊けばよい時代になりました。炊飯がさらに楽になりました。この時期以降、保温のできる「ジャー兼用電気釜（ジャー炊飯器）」と、従来からある「電気釜（炊飯器）」の二種類が平行販売されるようになりました。

その後、ジャー兼用電気釜の売れ行きが伸びていくにつれて、保温機能のない電気釜は売れなくなりました。同時に、先祖代々続いた「おひつ」が徐々に家庭から消えていきました。

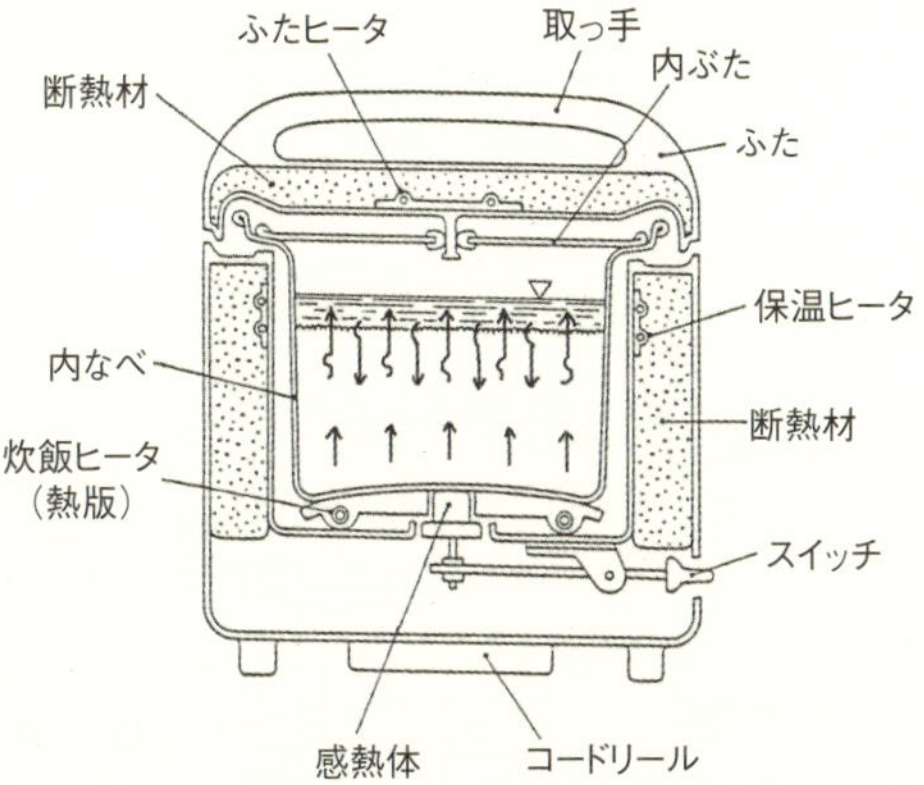

図-1　直接加熱式電気釜

■輻射《ふくしゃ》加熱式とは？

その後一九七八年、東芝は第三の方式ともいえる「輻射加熱式」（通称：かまど炊き風）を発売しました。**図Ⅰ-2**に示すように、内なべを電気オーブンの中で包み込むように炊く構造です。熱エネルギーが、底部だけでなく側部にもまわるので熱せられた湯は激しい対流を起こして上昇します。お湯の温度が上昇するにつれて、米が水分を吸収してふくらみます。先に上層部が高温になり吸水をはじめ、中層部、下層部の順に炊き上がります。古来のかまどとよく似た炊飯方式であり、均一でおいしいご飯が炊けます。

それに対し、「直接加熱式」では**図Ⅰ-1**のように底部からのみ熱せられます。湯は平面的に上昇し、下降する湯とぶつかり乱れて、湯の循環があまりよくありません。この方式では、底部が柔らかめで、上部がやや硬く炊きあがる傾向があります。この時期、数社が「輻射加熱式」(かまど炊き風)に切り替えました。以降、市場は「輻射加熱式」と、「直接加熱式」に二分されました。

■名前もいろいろです

はじめての「自動式電気釜」誕生のあと、後続の釜は「炊飯器」と呼びました。メーカーにより釜の呼び方が微妙に異なっています。基本になる商品名は「電気釜」、「炊飯器」以外に保温機能が付いた「保温釜」、「ジャー炊飯器」、「炊飯ジャー」の三種類があ

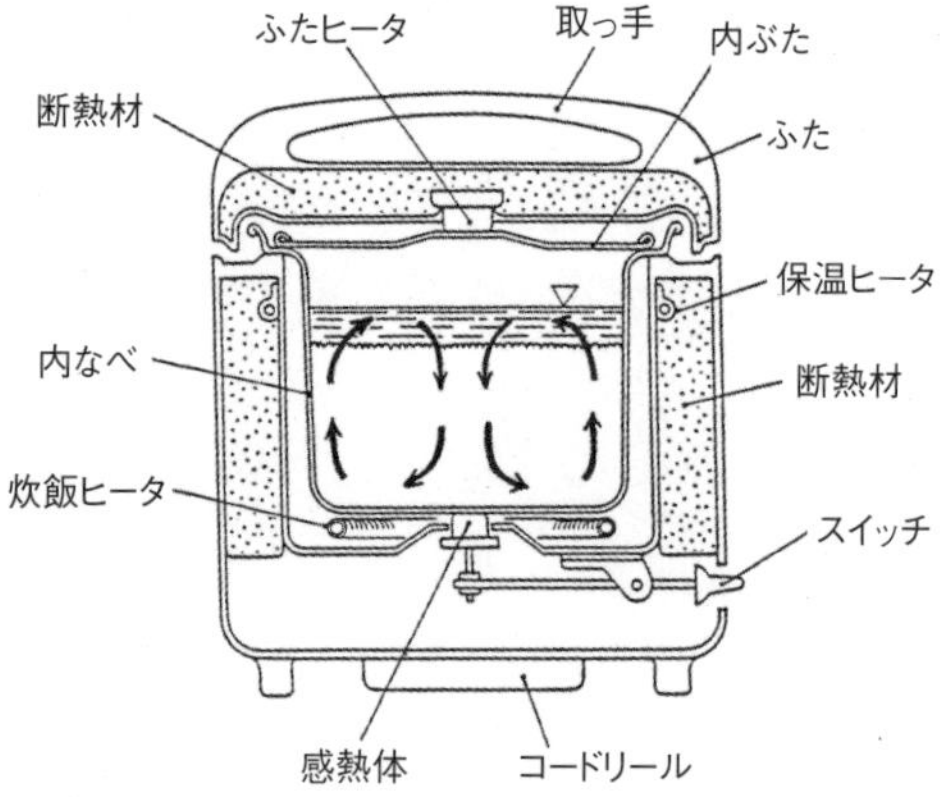

図-2　輻射加熱式電気釜

ります。その後、技術の進歩とともに「ＩＨ保温釜」、「ＩＨジャー炊飯器」、「ＩＨ炊飯ジャー」という名前が生まれました。最近では、「圧力ＩＨ保温釜」、「圧力ＩＨジャー炊飯器」、「圧力ＩＨ炊飯ジャー」、「圧力ジャー炊飯器」、「真空圧力ＩＨ保温釜」と呼ぶ商品も販売されています。

とどまることのない技術の進歩が、新しい名前を次々と生み出しています。

さて、そのような新技術とともにそれぞれの商品には「愛称」がつけられています。商品名の上に『大沸騰』、『剛熱かまど炊き』、『極上炊き』、『本かまど圧力仕込み』、『備長炊き』、『大かまど踊り炊き』などと愛称をつけていますので、どれが本当によく炊けるのか見分けがつきません。

やはり、おいしく炊ける大きな要素は、①内なべの厚さ、②内なべ底部の、角の丸みが大きいこと、さらに、③底と側面から内なべ全体を包み込むように加熱すること、です。

調べるほどに、昔のかまどと羽釜は長い年代を経て「おいしさの基礎を確立していた」ことがわかります。

参考文献

〈1〉大西正幸「かまど炊き風電子保温釜」東芝レビュー、35-5 (1980) 476-480
〈2〉大西正幸「最新 電子ジャーの徹底研究Ⅱ」電気店、23-3 (1980) 62-69
〈3〉「炊飯器改良は食味追及の歴史 東芝 大西正幸」商経アドバイス (1987・1・1)
〈4〉「電気釜開発史 家庭電化製品」発明協会 (1995・3) 88-107

イラスト：柳田早映

7 センサとマイコンまかせの時代

―電気釜の種類と特徴　その二（一九七九〜一九八七）―

■センサの威力

一九七九年五月、松下電器からマイコンジャー炊飯器が発売されました。その後各社が競ってマイコンタイプを発売し、今日の炊飯コントロールの基礎となりました。トランジスタから始まった電子部品応用の時代がきました。洗濯機をはじめ、家電商品にマイコン応用がいっせいに花開いた時期です。マイコンとは、マイクロコンピュータの略です。

どんな炊飯条件にも対応するために、温度センサが大きな働きをします。電気釜が初めて開発されたときは、サーモスタットがセンサ兼スイッチでした。次に整磁鋼（注1）が使われ、一九八〇年代には入りサーミスタ（注2）が使われるようになり今日に至っています。

最近の炊飯器には、次のようなセンサが必要に応じて使われています。

①なべセンサ：なべ底の温度を常時測定します。なべ内部の米と水の温度を間接的に感知します。例えば〝ひたし〟加熱時、水温が四〇℃を保つようにヒータにＯＮかＯＦＦの指令を出しています。

〃炊飯〃後半の沸騰時は一〇〇℃ですが、水分がなくなると急速に一〇〇℃以上に上昇を始め、あらかじめ設定した温度になると加熱を中止します。

②ふたセンサ：沸騰（蒸気）の検知や、ふたヒータをコントロールします。

③保温センサ：保温温度を七二～七三℃に保ちます。

④その他センサ：室温センサなど、きめ細かな温度情報を活用します。

■炊飯温度曲線から学ぶ

マイコンには、前もって実験したデータに基づく多くの炊飯パターンを記憶させておき、温度センサの情報を受けて、あとの工程（主として加熱量と加熱時間）をパターンに合わせていきます。

マイコン釜の特徴を〃マイコン制御による炊飯温度曲線〃で説明します。

①タイマー予約：自分が希望する炊き上がり時間を、タイ

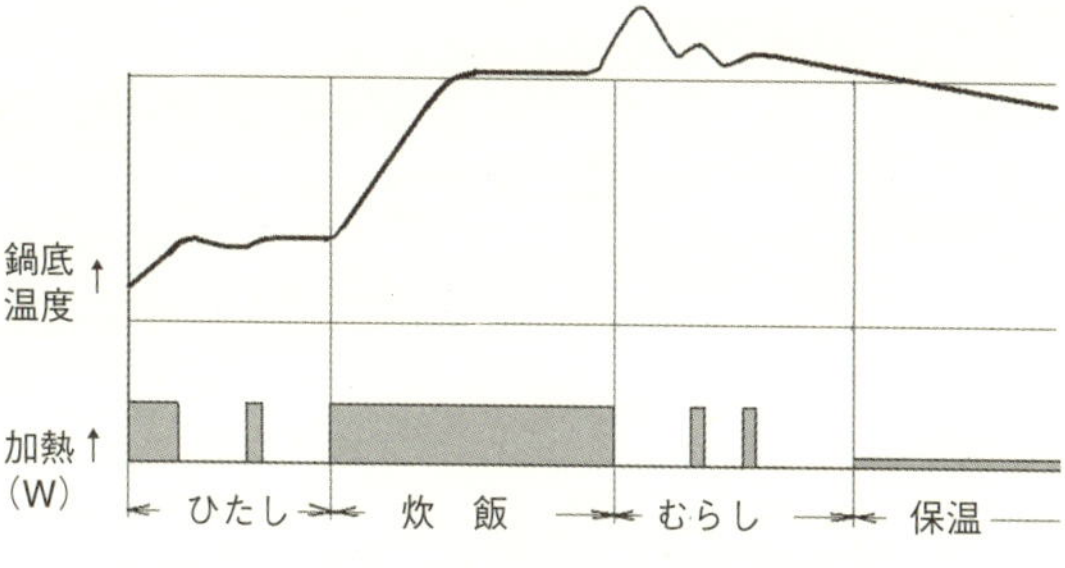

図-1　マイコン制御による炊飯曲線

マー機能で予約できます。

②ひたし(吸水):自動化され、しかも約四〇℃に加熱することにより一五〜二〇分の短い時間で完了します。これまでは夏なら約三〇分、冬は二時間以上水にひたしていましたが、マイコン任せとなりました。

③炊飯:〝炊飯量の検出〟グラフで示すように、温度上昇率から炊飯量(多い〜少ない)を検出し、その量に適した加熱量と時間をかけて、最適炊飯を行います。なべ底の温度上昇時間の早さから、米の量を推定します。米の量が多ければ、温度上昇に時間がかかり、量が少なければ温度は速く上昇します。

④むらし(二度炊き):水分がなくなるとなべ底の温度が急速に上昇しますので、判定した炊飯量にふさわしいなべ底温度で一度加熱を中止します。一般に炊飯量が少ないときは焦げないように早く切り、多いときはむらし不足にならないようにやや高めの温度で切ります。その後は、ご飯が九八℃以上を約二〇分間以上キープするように短い加熱を繰り返します。

⑤保温:むらしが終わると徐々にご飯の温度は下がってきますが、ふたヒータを働かせて、約七三℃近辺で細かく温度コントロールします。これは、ご飯に枯草菌が増殖しない温度帯です。

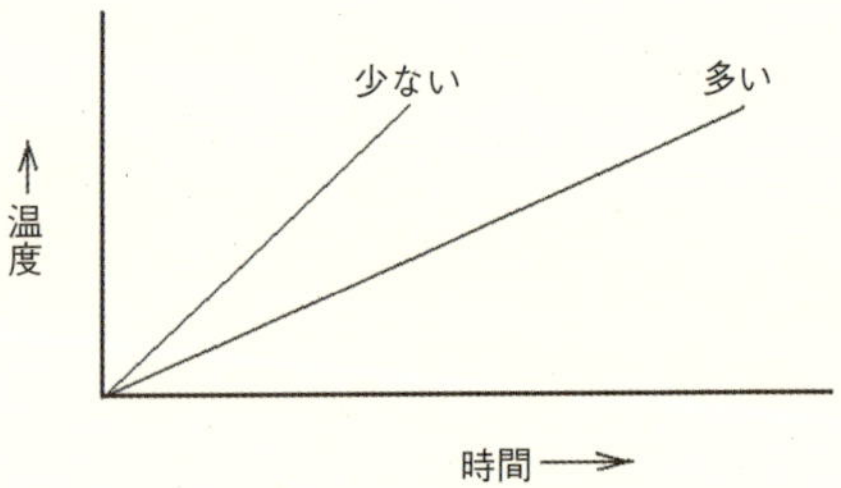

図-2　炊飯量の検出

■どんなご飯も自由自在

初期のマイコン釜は、「ひたしの自動化」と、「おこげ（加熱量）調整」ができる程度の簡単な仕様でした。その後、白米コースだけでなく、玄米コース、炊込み・おこわコース、おかゆコースなど、どんなご飯も自由自在に炊けるようになりました。

まず、玄米コースは沸騰を始めると加熱量を少なくし、沸騰時間を長引かせます。玄米のα（アルファ）化に必要な時間は約四〇分と長いからです。炊込み・おこわコースは、こげがつかないように沸騰後の加熱量を少なくします。炊飯中にα化が進行しますので、二度炊き通電を必要としません。おかゆコースは、沸騰後徐々に加熱量を落とし、一〇〇℃近くを維持しながら米粒の対流を抑えて、さらっと炊き上げます。おかゆコースの注意点は「すぐ食べる」ことです。時間がたつと糊状になるので保温はしません。

最近は、さらに多くの機能が搭載されています。

〝最適炊飯ができる〟しくみは、センサとマイコンが炊飯加熱中の温度勾配を読み取り、設定した後半の加熱パターンを選びます。おいしさは、炊飯構造とマイコンソフトで決まります。マイコンがすべてではありません。

（注1）整磁鋼：磁気変化を利用したものです。常温では磁石に吸引されますが、温度が上がると離れる軟磁性体N-Fe合金です。

（注2）サーミスタ：抵抗変化を利用したもの。Mn、Co、Niなどを主成分とした酸化物半導体です。比較的小型で、温度変化に対する応答性に優れている。温度上昇に伴い電気抵抗が減少する性質を利用します。

参考文献

〈1〉相田洋「新・電子立国―2 マイコン・マシーンの時代」NHK出版（1996・11・20）
〈2〉旭守男「マイコン保温釜〝セレクト〟の信頼性設計」第15回日科技連シンポジューム（1985・5）147-150
〈3〉「電気釜開発史　家庭電化製品」発明協会（1995・3）88-107
〈4〉「炊飯器の開発」松下テクニカルジャーナル、51-3（2005）13-15

コーヒーブレイク ❷ 杓文字《しゃもじ》のはなし

杓文字は、ご飯を盛るための道具です。その歴史は、米作が開始される弥生時代に始まっています。先端がだ円状に広がったヘラ状の薄板で、材質は木や竹でした。日本の米は、粘着性が強いのでご飯がくっつきやすく、木製の杓文字はあらかじめ水につけておきます。近年は、プラスチックが全盛です。ご飯がくっつきにくくするために、ヘラ部の表面に小さな突起を多数つけるという成型により、粘着しづらく工夫したものが増えてきました。

杓文字は飯杓子《めしじゃくし》、ヘラ、カイなどとも呼ばれます。語源は、柄の先に皿形の部分がついた調理器具の「杓子《しゃくし》」の頭文字「しゃ」に接尾語「もじ（文字）」がついた女房詞《にょうぼうことば》です。本来は汁をよそう杓子も含めた言葉であり、ご飯をよそうものは「飯杓子《めしじゃくし》」といいましたが、時代とともに杓文字というようになりました。その昔は、貝殻に柄をつけたものを使っていましたのでカイという言葉が残っています。また、飯専用のヘラという言葉もあります。

炊きたてのご飯を、杓文字の縁でサッサッときるようにして混ぜ、茶碗にふっくらとよそうのに使います。茄子形の平らな板片に、柔らかいご飯を潰さないように盛る工夫がされています。

杓文字で、ご飯をお茶碗に移すことをなんといいますか？ 最も一般的なのは「よそう」です。次に多いのが「よそる」、「つぐ」です。ほかには「もる」、「つける」、「よそぐ」、「いれる」などがあります。

参考文献

〈1〉 小泉和子「台所道具いまむかし」平凡社（1994・9・30）
〈2〉 遠藤ケイ「暮らしの和道具」ちくま新書（2006・6・10）
〈3〉「新 日本語の現場 方言の今＊14」読売新聞（2005・12・9）

8 炊飯技術はどこまでも
―進化する電気釜―

■「技術力」で伸びる

炊飯器市場は徐々に膨らみ、いまでは年間約六三〇万台が売れる巨大市場を形成しています。ＩＨ釜は次々と新しい技術を取り入れて「おいしく炊ける」釜を確立しつつあります。二〇〇六年度の販売数量においては、すでに市場の六〇％を越える可能性がでてきました。毎年売り出す商品の出来ばえによって、各社のシェアが微妙に変化し、担当者にとっては気が気ではありません。なんといっても「技術力」が一番重要ですが、それだけではありません。すなわち価格であり、デザインであり、広告量であり、生産力であり、品質などの総合力です。

とくに近年、センサ技術やマイコンソフト、さらにインバータ応用を含めたＩＨ炊飯システムが加わり、炊飯技術は高いレ

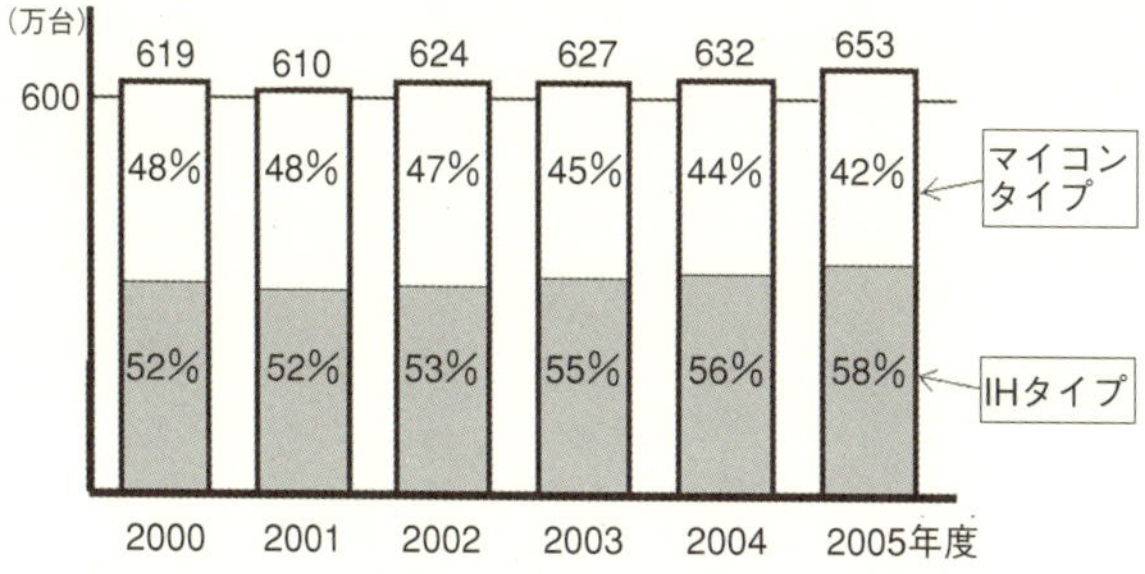

図-1　炊飯器需要動向（出所：日本電機工業会）

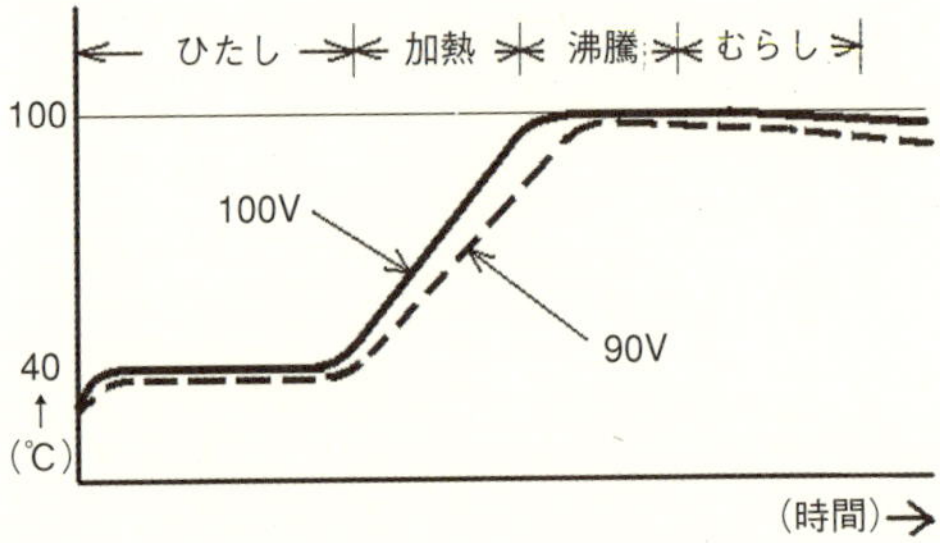

図-2　電圧による加熱量の差

ベルに達しています。でも、まだ奥は深いのです。

■〝ＶＦインバータ〟が、電圧を自動調整

みなさんは、夕方蛍光灯(電球)が少し暗くなった経験がありませんか。夏の夕方などに、エアコンを運転中に、各家庭が一斉に炊飯を始めるとどうなるでしょうか。一〇〇Ｖの電圧が下がってしまい、その分蛍光灯が暗くなります。さらに冷蔵庫のコンプレッサがうなりだすときに一瞬暗くなることがあります。習ったことがあると思いますが、これを「電圧降下」と呼びます。本来一〇〇Ｖに設定されているのですが、夕方は電力使用が集中し、地域や家庭環境によっては九〇～九六Ｖに下がることがあります。例えば一四〇〇ｗの消費電力を持つＩＨ釜は、電圧が下がると一二〇〇～一三〇〇ｗに下がってしまいます。本来の加熱能力が落ちるのです。すると、ご飯がおいしく炊き上がりません。どうすればこれを改善することができるでしょうか。

ＩＨ釜は、高周波数を得るために交流を直流に変換し、そのエネルギーを自在に使うために、インバータ制御技術でもう一

度交流に変換されています。このインバータ制御が持っている力を有効に使って、必要なときに必要なだけ加熱エネルギーを供給し、ご飯をおいしく炊きます。ところが、「電圧降下」のような外的要因が発生しますとエネルギー供給の基本ベースが下がり、ご飯を炊く本来のパワーがその分落ちてしまい、おいしいご飯が炊けません。

この難題を解決するために「Voltage Feedback」という新しい技術を開発しました。略して〝VFインバータ〟と呼びます。すなわち、電圧を常時監視し、電圧が下がると電流を制御して一〇〇V相当に引き上げます。〝VFインバータ〟は、加熱量を安定して供給する新しい制御方法です。

■〝PFインバータ〟は、気圧変化に自動対応

台風がやってくると、低気圧になります。あるいは海抜の高い地方では、低い地域に比べると気圧が下がります。気圧が低くなるとどんなことが起こりますか。例えば蓼科《たてしな》高原は海抜一三〇〇mで気圧が少し低めです。すると水は約九六℃で沸騰《ふっとう》を始めます。海抜一五〇〇mの日光では約九五℃で沸騰します。思い出してください。「おいしいご飯を炊くには、九八℃以上で二〇分間以上蒸らす必要があります。すると、βでん粉が消化のよいαでん粉に代わります。九五～九六℃では、αでん粉化が不十分となりおいしいご飯が炊けません。

この問題を解決するために「Pressure Feedback Control」と呼ぶ技術を開発しました。略して〝PFインバータ〟と呼びます。沸騰温度が低いと、センサがこれをキャッチし自動的に沸騰継続時間を

長引かせます。つまりトータルな熱エネルギー量を、自動で維持します。気圧の低い地方では、水分を多めにして沸騰時間を長引かせているそうですが、生活の智恵ですね。

これらの技術は、ほんの一例にすぎません。炊飯器は小さな商品ですが、まだ解決しなければならない課題(テーマ)がたくさんあります。センサとマイコンはこれからも進化し、おいしいご飯を炊くのに役立つことでしょう。

9 炊飯技術の基礎
―電気釜のＪＩＳとは―

■ＪＩＳマークはいま……

ＪＩＳマークを知っていますか？　正式には日本工業規格（Japanese Industrial Standards）と呼び、通産省（当時、現経済産業省）がわが国の産業発展のために、あらゆる工業製品の標準化を目的とする工業標準化法に基づき制定された国家規格です。家電商品のＪＩＳを制定するに当たっては、それぞれの分野でＪＩＳ特別専門委員会をつくり、通産省、日本電気用品試験所、国民生活センター、消費科学連合会など関係諸団体、事業会社（メーカー）などで構成されています。

ＪＩＳの精神は、各企業が勝手な品質基準の商品を生産しては消費者に迷惑をかけますので、一定の基準を決め工場認定していました。では、電気がまの実態を調べてみましょう。

「電気がま」の JIS C 9212は、多くの議論を重ねた後一九七二（昭和四七）年三月制定されました。二回の改正の後、「電気がまおよび電子ジャー」に改正しました。最新の改正は一九九二（平成四）年九月に議決され、一九九三（平成五）年一月に日本規格協会より発行されています。ＪＩＳでは「電気釜」を『電気がま』と表示しています。

■「おいしく炊く技術」は

ＪＩＳに定めた主なものは次の通りです。

・用語の定義、・種類（電気がま、電子ジャー、ジャー兼用電気がま）、・性能（消費電力）、・絶縁、・各部の温度、・自動温度調節器、・炊飯性能／保温性能、・各部の耐久性、・構造などで、試験方法が細かく定められています。

例えば、炊飯性能試験では、「洗米後三〇分間、水温約二〇℃の水で浸水した白米を用い、定格電圧において、内なべに表示された白米の最大炊飯容量および最小炊飯容量の標準水位でそれぞれ炊飯を行う」としています。また、保温性能試験では「最大炊飯容量において炊飯完了後、常温（二〇±一五℃）において定格電圧で一時間の保温を風の影響を受けない状態で行い、米飯の温度を測定する。測定箇所は、図に示す電気釜の中央部一点とする」となっています。

このように、ＪＩＳは主に「性能」、「絶縁性」、およびスイッチ、コードなど電気部品の「耐久試験方法」などです。安全性を入れた総合的な試験基準は、別の電気用品安全法に詳しく決められています。ＪＩＳは、まだ家電商品が発展途上

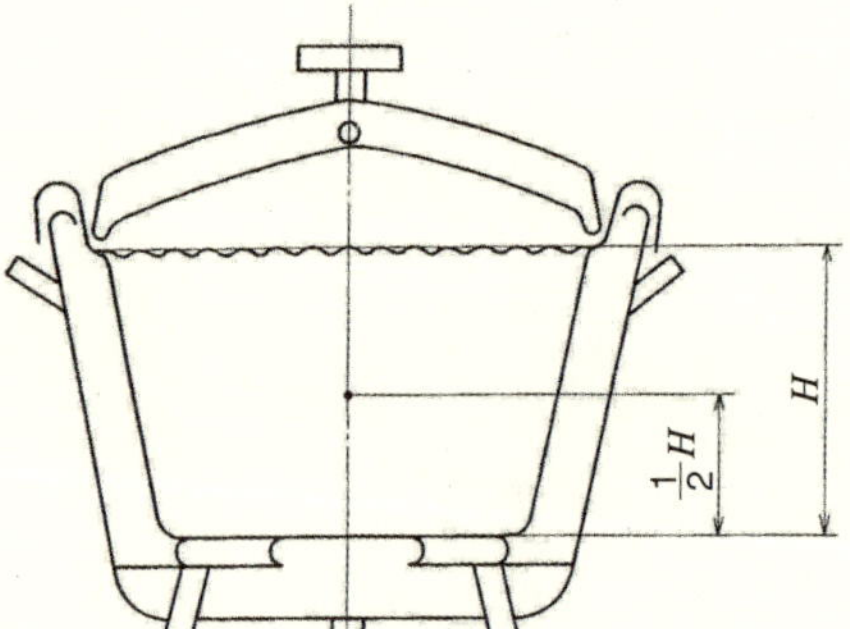

図-1　電気がまの保温性能試験（資料：JIS C 9212）

であった時代の考えが色濃く残っています。企業にとって「ＩＳＯ適合の先行」、「基本性能がきちんと守られているのは当たり前」の現在では、ＪＩＳ工場認定の意義が薄れています。

「ご飯をおいしく炊く技術」については、とくに規定がありません。それは、各社の技術力です。

■新ＪＩＳマークがスタート

電気釜にとって、ＪＩＳの内容は大切な基本です。しかし、マイコン応用、ＩＨ釜、圧力応用など日々進化していますので、ＪＩＳは時代の先端から置き去られています。かつては、多くの家電製品にＪＩＳマークを付けていましたが、現在このマークをつけている商品はありません。

このような状況を改善するため、ＪＩＳは二〇〇四（平成一六）年六月工業標準化法を改正し、二〇〇五年一〇月から新たなＪＩＳマーク表示制度がスタートしました。

新制度は、①「工場認定制度」から、「製品認定制度」への転換、②「政府認定制度」から、「民間の第三者認定制度」への移行などが主なねらいです。今後の動向が注視されています。

参考資料

〈1〉付録3：ＪＩＳ「電気がま及び電子ジャー（JIS C 9212）」日本工業標準調査会

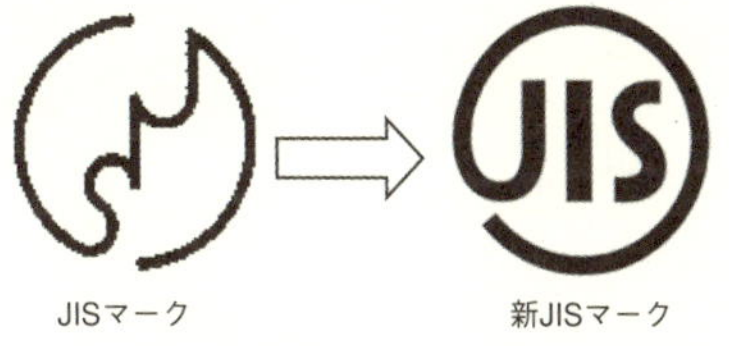

図-2　JISマークの改正

10 はじめは単純なふた
―蒸気口の進化―

■重いふたほどよく炊ける

むかしから、煮炊きするなべには木製のふたが使われていました。熱を抑えこんで、早く煮炊きできるように考えてつくられています。羽釜のふたは厚くて重く、加圧効果も考えられます。かまどでご飯を炊いて沸騰が始まると、おねば(炊飯中にでるのり状のもの)が噴出して始末に終えない状況になります。〝これがかまどでの飯炊きだ!〟と言わんばかりです。土間に置かれたかまどと羽釜の時代は、吹きこぼれても気になりませんし、吹きこぼれるほど火力を高めると、おいしいご飯が炊けると信じられていました。

■蒸気口は小さな穴だった

一九五五年、はじめての電気釜が発売されました。このときのふたは、金属製の〝ただのふた〟でした。

ふたには穴さえありません。間接炊きと称して二重構造になっており、内なべのほかに外釜があり吹きこぼれても外には出ません。その後、発売された直接炊きはふたに小さな穴が空いていました。吹きこぼれると逃げ場がないから、常時小さい穴から蒸気を逃がしていました。

一九七二（昭和四二）年、ジャー炊飯器（保温釜）が発売されました。これは電気釜に電子ジャーの保温機能を組み合わせたものです。ふたは、二重構造になり厚い断熱材に覆われて、蒸気口もふたの厚みの分だけ長いパイプ状になりました。蒸気口が二個のものや、ふたの下に中ぶたを取りつけ、ふきこぼれ防止をしていました。

一九八六（昭和六一）年に、本体がプラスチック化しました。またこの頃には炊飯ヒータの容量も少し増加し、従来の蒸気口穴面積では、吹きこぼれてしまう可能性がでてきました。一九七九（昭和五四）年には、センサとマイコンで加熱量をきめ細かくコントロールできるようになりました。沸騰が始まり〝ふきこぼれそうになると火力を少し下げて〟調整していました。しかし、むかしのかまどで炊いたご飯がおいしいのは、火力を強めて一気に炊くからです。火力を調整すると、おい

（a）蒸気口が目立つ

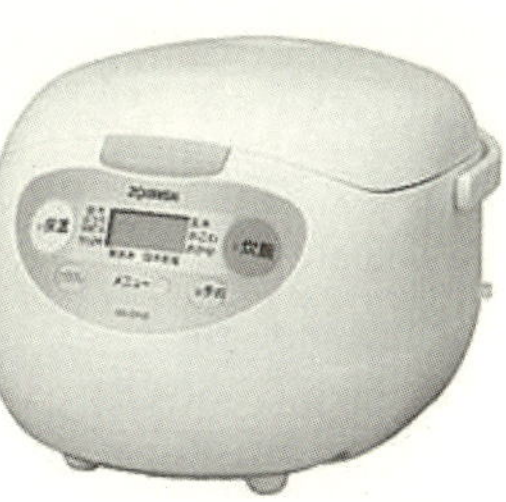

（b）蒸気口が目立たない

図-1　蒸気口の変化

しさを抑《おさ》えてしまいます。

■ご飯の旨味《うまみ》、おねばを戻す

家電メーカーは、おねばを絶対本体の外にこぼしません。ひとつには、ジャー炊飯器をこぎれいに使いたいのと、置く場所に吹きこぼれるとその後始末にも困るからです。もうひとつは、おねばにはご飯の旨味が含まれており、これを戻すことによりご飯のおいしさを逃がさないことをめざしました。

初期のＩＨ釜は、従来のシーズヒータ方式より加熱容量を上げて、炊飯性能を向上させようとしました。しかし、沸騰に入るとおねばの噴き出しを防ぐために、せっかくの加熱力を抑えていました。したがって、おいしさもねらい通りにはいきませんでした。

一九九四年、東芝がＩＨ鍛造厚釜の保温釜を開発したとき、まず蒸気口を従来の三倍くらい大きくしました。一九九五年には、蒸気口をさらにその倍ちかく大きくし（直径約六〇㎜、深さ約三〇㎜）〝一気強火加熱〟方式を採用しました。沸騰してきたときに、加熱力をほとんどおさえません。蒸気口に出てくるおねばを飛び出さないように跳ね返し、一時滞留させるスペースを設けました。沸騰が終わって蒸気が弱くなると、滞留していたおねばが内なべの中に戻る構造を考え出しました。さらに、蒸気口を簡単に取り外せるようにし、分解掃除ができるようにしました。このころから、「たしかな目」や、「暮らしの手帳」でＩＨ釜はおいしいご飯が炊けるという評価がでてきました。

このとき、初めて蒸気口を目立つデザインにし、特徴のひとつとしてPRしました。また、蒸気口を外して洗えるようにしました。それ以降、各社は蒸気口を大きく、目立つようにしています。

今日の大きな蒸気口は、このとき確立されました。たかが蒸気口ですが、一九九四年以前のカタログを見ますと、まったく目立たない存在で取り外しもできない構造でした。

いまでは、ＩＨ釜や炊飯器の蒸気口は「おねばを戻す機能」とともに、デザイン上でもますます「大きく目立つ存在」となっています。

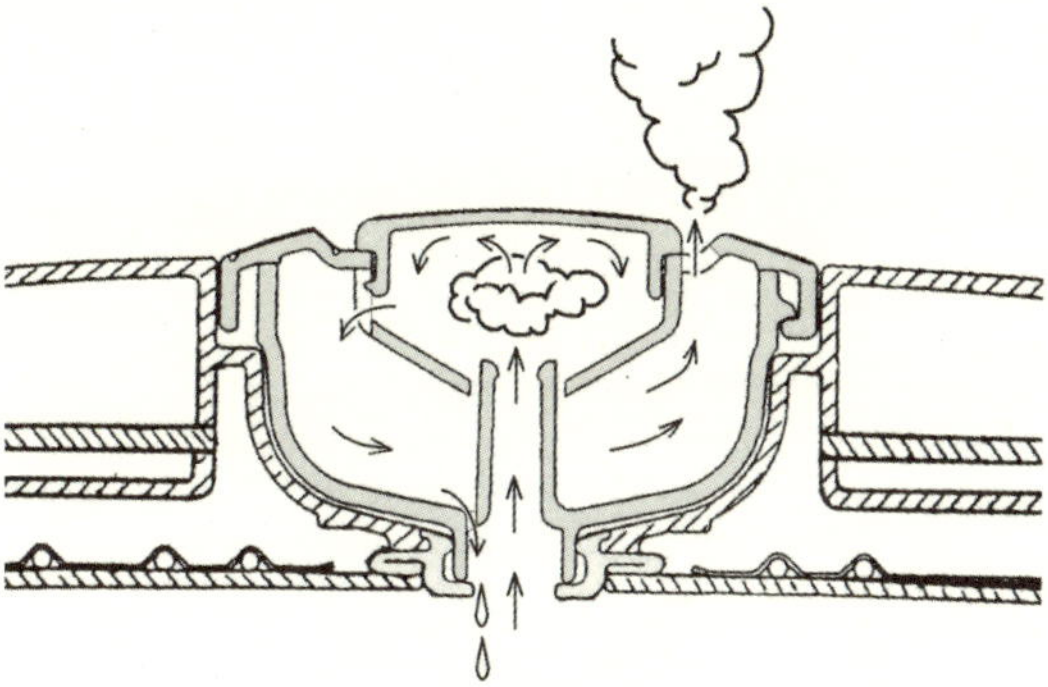

図-2　蒸気口構造図

11

三合炊きは、ご飯何杯分炊けますか
―社会の変化と炊飯容量―

■一・五Lの釜が消えた

時代とともに一人当たりの米の消費量が減り、平成一四年度では昭和三七年度の半分となってしまいました。

①その原因の一つは、うどん、そば、ラーメン、パスタ、ピザ、ハンバーガーといった粉を加工した食事が増えた事です。

②また、副食すなわち〃おかず〃の種類と量が増え、果物も豊富に出回り、主食であるご飯をガツガツ食べる必要がなくなりました。今では聞きなれない言葉ですが〃食糧事情がよくなり〃ました。

このよう状況下で、電気釜の大きさ（容量）も徐々に変化してきました。

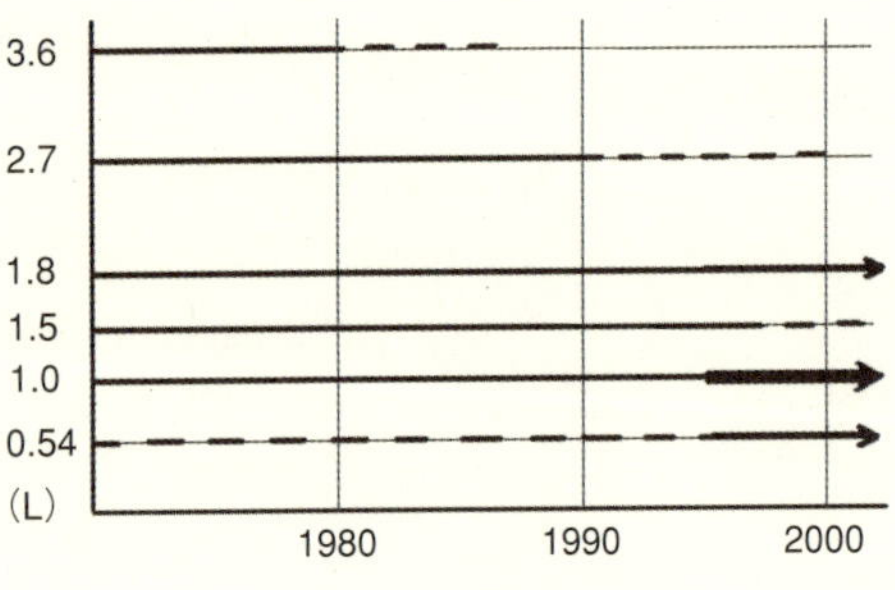

図-1　炊飯容量の変化

当初は、グラフの左端に示すように〇・五四〜〇・六三L（小容量）、一・〇L、一・五L、一・八〜二・〇L（一升）、二・七L、三・六L（二升）と種類も豊富でした。ご飯を食べる量が減っていく中で、一九八〇年頃には三・六Lが市場から消えました。さらに、品揃えのためにモデルチェンジしないで残していた二・七Lも九〇年代の終わりにはほとんど市場でみられなくなりました。次は一・八Lの番かと思っていましたら、ここで異変が起こりました。驚いたことに、一九九〇年代に入り一・八Lよりも一・五Lの販売量が減り始めました。一九九七年頃、各社はいっせいに一・五Lの販売をとりやめ、市場に残ったのは一・〇L、一・八Lと〇・五四〜〇・六三L（小容量）の三種類になりました。つまり、小容量を別にすれば一・〇Lと一・八Lに二極分化しました。

食べる量が少なくなり、炊飯量一・〇Lで十分だという家庭と、大は小を兼ねるという発想でお客が来たときも間に合うように一・八L（一升炊き）の家庭にわかれました。実際のところ、大きい炊飯器でも少ししか炊いていません。

■人口は減少、世帯数は増加

そして今、更なる変化がじわじわと進行しています。それは、〇・五四〜〇・六三L（小容量）タイプの増加です。逆に言えば、一・〇L、一・八Lが減少しつつあるということです。これには、最初に説明した、①主食のバラエティが増えた、②おかずが多くなったことに加えて、③家族構成が大きく変化してきました。

わが国の、世帯数の変化をグラフに示します。一九六〇年に二二二三万世帯でしたが、一九八〇年には三五八二万世帯、二〇〇〇年には四六七八万世帯、二〇〇四年度は四八六四万世帯と倍増しています。このうち、注目すべき点は、①単独世帯数が年々伸びていることです。一九六〇年に三五八万世帯でしたが、一九八〇年には七一一万世帯、二〇〇〇年には一二九一万世帯、二〇〇四年度では一三九八万世帯と三・九倍に伸びました。さらに、②核家族が増えています。一九六〇年に一一七九万世帯、一九八〇年には二一五九万世帯、二〇〇〇年には二七三三万世帯、二〇〇四年度では二八三六万世帯と約二・四倍に延びています(国立社会保障・人口問題研究所:二〇〇四年度は推計値)。電気釜は、小さな世帯でも必需品です。

なかなか結婚しない若者が増え、平均結婚年齢も男子平均二九・六才、女子平均二七・八才と上昇気味です。加えて、高齢者で一人暮らしの世帯も増加傾向にあります。一方、核家族世帯も伸びており、これら単独世帯と核家族あわせると驚くなかれ、全世帯の八七%になります。

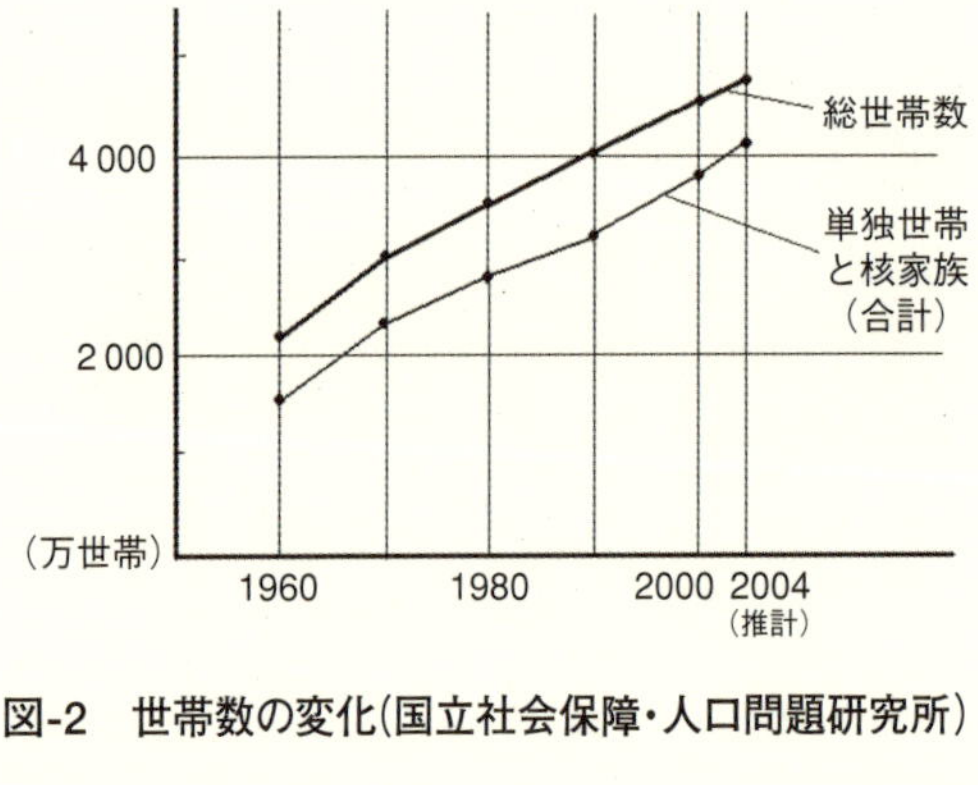

図-2　世帯数の変化(国立社会保障・人口問題研究所)

■高級三合炊きの時代

〇・五四L（三合炊き）の小容量釜では、お茶碗に何杯分炊けるとおもいますか？　なんと九杯分もあります。

最近は一人一杯しか食べないので、三合炊きでも一合しか炊かない家庭が増えました。四〜五人家族でも、小容量釜で十分間に合います。最近は二〜三人の家庭が多くなっていますので、小容量化は避けられないでしょう。

一九九四年以前は、小容量釜の需要は若者向けと考えられ、どちらかというと簡素で、低価格商品でした。市場ウェイトも、需要全体の一〇%程度でした。一九九五年、東芝が小容量電気釜の高級機種（RCK-W5M：〇・五四L）を発売しました。高齢者や核家族にも目を向けた新しい企画です。この年が小容量釜元年です。高級三合釜は、厚なべでおいしく炊けます。置き場所もとらず、使い勝手も良いので、値段は高くてもぐんぐん売れ出しました。今、売り場に行くと、ピカピカの豪華な小容量釜が目白押しです。おそらく、そのうち市場全体の二五%を越えることでしょう。

参考文献

〈1〉「春商戦は、東芝ミニ釜が市場席けんの兆し」家電ビジネス　3（1997）97-100
〈2〉「高齢・少子化社会の家族と経済」島田晴雄、NTT出版（2000・3・24）
〈3〉「未知なる家族」日本経済新聞社（2005・9・1）

2 つゆ受け

一九七二(昭和四七)年、保温釜(ジャー炊飯器)が開発されました。一二時間の保温が可能な便利な機能が受けて、販売数が伸びていきました。このとき、それまでの電気釜にない小さな部品が追加されました。それは〝つゆ受け〟と呼ばれました。炊飯後には、ふたの内側全面につゆがつきます。長時間保温後に、ご飯を食べようとふたを開くと、このつゆがヒンジのあたりにぽたぽたと落ちました。これを受けておくために〝つゆ受け〟が必要でした。取扱説明書には「炊飯後は、つゆ受けの水は捨ててください。」「つゆ受けは、スポンジたわしや布など柔らかいものを使い洗剤溶液で洗ってください。」などと、清潔にすることをお願いしていました。ところが、〝つゆ受け〟は後ろにあることから、うっかり掃除を忘れ、にごった水を長い間ためて腐らせてしまうこともありました。

なんとかこの〝つゆ受け〟をなくせないだろうか? 一サイクル(炊飯―保温)の中で、どれだけのつゆが落ちるのかを測定してみました。一回当たりではそれほど多くはありません。ところが、一週間以上もすると〝つゆ受け〟がいっぱいになります。

ためしに、つゆが落ちるヒンジ周りに一回分のつゆがためられるように凹部をつくって、〝つゆ受け〟をなくしてみました。炊飯―保温のサイクルと、途中でふたを開けてつゆを落として試験を繰り返しました。すると、不思議なことにほとんどつゆがたまりません。いくらか落ちたつゆも、時間とともに蒸発することがわかりました。保温ヒータのおかげで、ヒンジ回りを含む本体の上縁部は加熱されているため、つゆは徐々に蒸発していました。

これまでは、落ちたつゆはヒンジ近くの穴から下に導き、常温の〝つゆ受け〟に入れていました。したがってほとんど蒸発しないでたまったままでした。

一九九〇年〝つゆ受け〟のないシンプル設計の商品が販売されました。それ以来、新たに販売される炊飯器から〝つゆ受け〟がなくなりました。

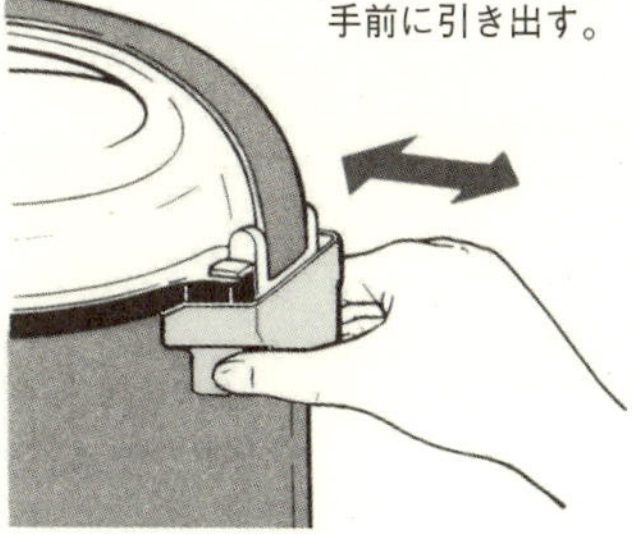

つゆ受けのはずしかた

第三章　おいしさの秘密

「香り」、「味」、「粘り」、「硬さ」、それから

12

お米は踊らない

—かまど炊きの秘密　その一—

■ご飯は上層部から炊きあがる

かまどで炊いたご飯は、上手に炊くととてもおいしい。

自動式電気釜の理論の原点である日本古来の〃かまど炊き〃には、どんな秘密が隠されているのでしょうか。そこで、〃かまどで炊く〃を科学的に分析し、おいしさの秘密を探ることにしました。

初めに、ご飯を炊くと、米と水はどのように動くのかを調べました。まず、米を三等分して色粉で黄色、赤色、白色（自然のまま）に染めました。この米を三層になるように、黄色、赤色、白色の順にていねいに、羽釜の中に水平に入れて炊いてみました。「どのように混ざり合っているのか」興味津々《しんしん》でした。炊き上がってから、ごはんの断層が見えるように半分

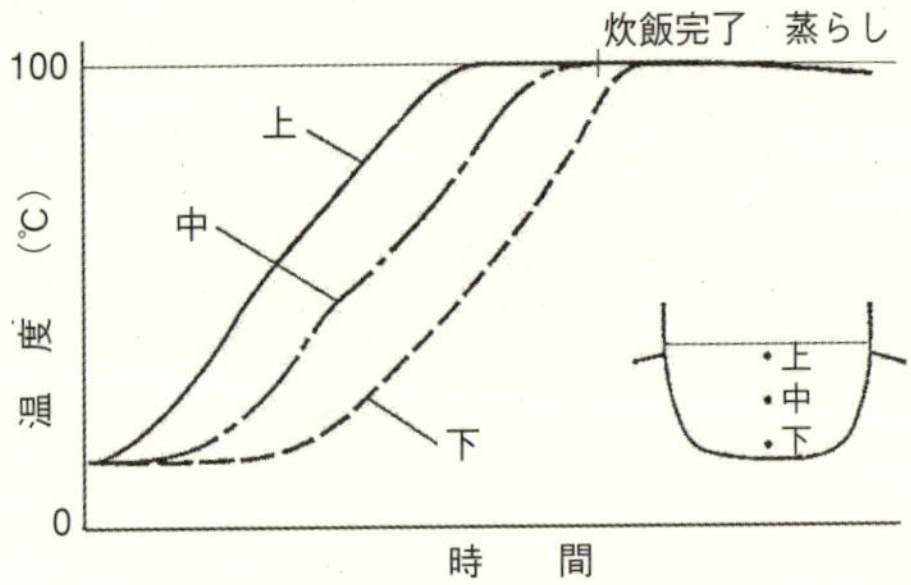

図-1　かまど炊き温度上昇曲線

を取り出してみました。ところが驚いたことに、下から黄色、赤色、白色とほぼ水平の断層が現れたのです。沸騰《ふっとう》して炊き上がった米は、初めの場所からほとんど動いていませんでした。

次に、羽釜内の各部の温度は、どのように変化しているのかを調べてみました。米の上・中・下各層それぞれに、熱電対《ねつでんつい》とよぶ計器を入れて温度を計りました。その結果を、たてに温度、横に時間のグラフで示してみました。（図Ｉ-1参照）意外なことに、火に近い下層部の温度上昇が遅く、上層部の温度上昇が早いことがわかりました。

■βでん粉《ぷん》がαでん粉《ぷん》に変わる

実験装置により羽釜の中を観察しました。底の水は、熱せられると米粒と米粒の間を通り抜けてしだいに釜の周辺部に移動し、そのまま水面に上昇を続け、水面周囲から中央部に吸い込まれて底部に移っていきます。（図Ｉ-2参照）ところが米粒はじっと動かず、水（お湯）はその米粒の間を回転移動していました。このお湯の動きは、温度が上昇するに従い速度をはやめました。

お湯の温度が上昇するにつれ、米が水分を吸収しふくらみを増していきます。先に上層部が高温になり、まず上層部の米が吸水をはじめ、中層部、下層部の順に吸水しながら膨らんでいきます。下層部の吸水が終わり、約二〇分間の蒸らしが終わると火をひきます。上層部から下層部へと順に温度上昇することが、米が均一に吸水するのに都合が良いことがわかりました。その結果、ご飯全体の「含水率《がんすいりつ》」がほぼ均一となり、炊き上がりにムラのないふっくらご飯が炊き上がります。「含水

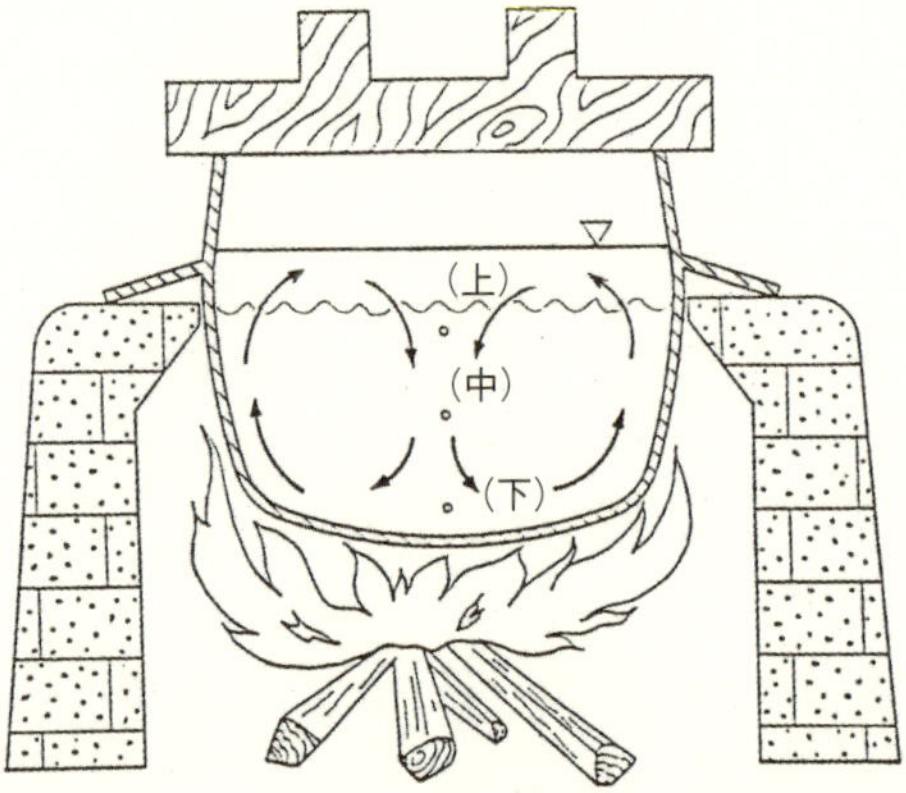

図-2　かまど炊き

率」とは、ご飯に含まれる水分の割合です。

米がおいしいご飯に変化することを、食品学（食物学）的にいえば「β《ベータ》でん粉《ぷん》がα《アルファ》でん粉《ぷん》に変化（糊化《こか》）する」といいます。一般に、αでん粉に変化することをα化と呼びます。βでん粉は「生《なま》でん粉」で消化しにくく、αでん粉は「のり状でん粉」で消化吸収しやすいでん粉です。βでん粉は、水温を九八℃以上で二〇分間以上保つとα化します。この変化の過程を「蒸《む》らし」と呼びます。α化が不十分なものは生煮《なまに》えご飯となります。

先ほどのグラフに示すように、かまどでじょうずに炊いたご飯は、上層部の温度が先に九八℃を超え下層部が少し遅れて到達します。羽釜の中のどの箇所も、九八℃以上の温度が二〇分間を超えていました。

■含水率がおいしさの秘密

かまどで炊いたご飯に、炊きムラはないでしょうか。炊き上がったご飯の上・中・下、各層別に含水率を測ってみました。普通、生米《なまごめ》の含水率は約一五％で、水に数時間つけると約三〇％になり、炊き上がったご飯の含水率は箇所により五八～六六％程度にばらつきます。食品学では、おいしいご飯の含水率は約六二～六三％といわれています。

かまどで炊いたご飯は、なんと上・中・下、各層がほとんど同じ六二～六三％の数値を示しました。これを重さで示すと、米一〇〇gがご飯二二四～二三〇gに増えます。

このように、かまど炊きが〝均一でおいしいご飯が炊ける〟秘密は①九八℃以上の温度を二〇分間以上保つ、②含水率が六二～六三％の範囲である、ということがわかりました。

参考文献

〈1〉　大西正幸「かまど炊き風電子保温釜」東芝レビュー、35-5(1980)476-480
〈2〉　大西正幸「最新 電子ジャーの徹底研究Ⅱ」電気店、23-3(1980)62-69
〈3〉　「炊飯器改良は食味追及の歴史 東芝 大西正幸」商経アドバイス(1987・1・1)

13

なぜ？　「ババさまが飛んできた」の！

—かまど炊きの秘密　その二—

■わらしべ一束くべまして……

かまどで炊いたご飯は非常においしい。

日本古来の〝かまど炊き〟には、どんな秘密が隠されているでしょうか。昔からの言い伝えを分析し、おいしさの秘密を探ることにしました。〝はじめチョロチョロ中パッパ、じゅうじゅうふいたら火をひいて、赤子《あかご》泣いてもふたとるな。そこへババさまとんで来て、わらしべ一束くべまして、それで蒸《む》らしてできあがり、できあがり。〟

これは、親から子へ、子から孫へと言い伝えられてきた「ご飯を上手に炊く秘訣」です。

この言い伝えは、地方により〝…ぶつぶついうころ火をひいて…〟など微妙に異なるようです。

「赤子」は「赤児」とも書き、赤ん坊、子供のことです。

「ババさま」は、おばあさんですね。

「わら」は「藁」で、稲や麦の茎を干したものです。

「わらしべ」は、「わらすべ」とも言い、稲の藁の芯です。

「くべる」は「焼べる」と書き、燃やすために火の中に入れることです。

この言い伝えは、次のように解釈できます。

①はじめチョロチョロ中パッパ……炊き始めは「ひたし」のため、弱火で米に十分吸水させてから、強火で一気に沸騰します。

②……じゅうじゅうふいたら火を引いて、赤子泣いてもふたとるな……ふきこぼれると、旨味《うまみ》が逃げるので止めることが必要です。したがって、ふきこぼれだしたら弱火にし、そのままままばらくむらします。子供たちがごはんを欲しがるからと、うっかりふたを取るとむらしが不十分になるという戒《いまし》めです。さらに強火で炊き続けると、ご飯が釜底に焦付き剥(は)がすのに苦労するので、これを防ぐ意味もあります。

③そこへババさまとんで来て、わらしべ一束くべまして、それで蒸らしてできあがり、できあがり……十分むらしたつもりですが、念のためわらを少し燃やして、むらしを確実にします。なぜ、おばあさんが飛んできたのでしょうか。昔は、どこの家族も三世帯同居であり子沢山でした。主婦(お嫁さん)が赤ん坊や、子供に気を取られてかまどから離れたあと、姑(おばあさん)が急いでかまどのそばにきて、充分むらすように〝二度炊き〟をしました。

■「二度炊き」の完成

一九七八年、かまど歌の意味をこのように解釈し、輻射加熱式「二度炊き」の開発に取り組みました。当時の電気釜や保温釜は、炊きあがってスイッチが切れると、しばらく待ってもう一度スイッチを入れ、これが切れてから食べるのがおいしいとされていました。経験的に、むらし時間が長くなるように工夫していました。

そこで、スイッチが切れてから何分後に二度目のスイッチを何分間入れるのがもっともよい炊き上がりとなるか、繰り返し実験してみました。数十回の実験の後、焦げすぎずおいしくむらすには五分後に一分間ヒータを入れるのが最適と結論が出ました。二度目の加熱を加えることで、ご飯のむらし時間が理想的な長さとなり、全体が均一でおいしく炊き上がりました。（図―1参照）

一度スイッチが切れた数分後に、もう一度スイッチをいれる方法を検討しました。マイコンのない時代です。そうだ！　最初のスイッチが切れると同時に動き出し、一分後に切れるタイマーが欲しい。電装（モー

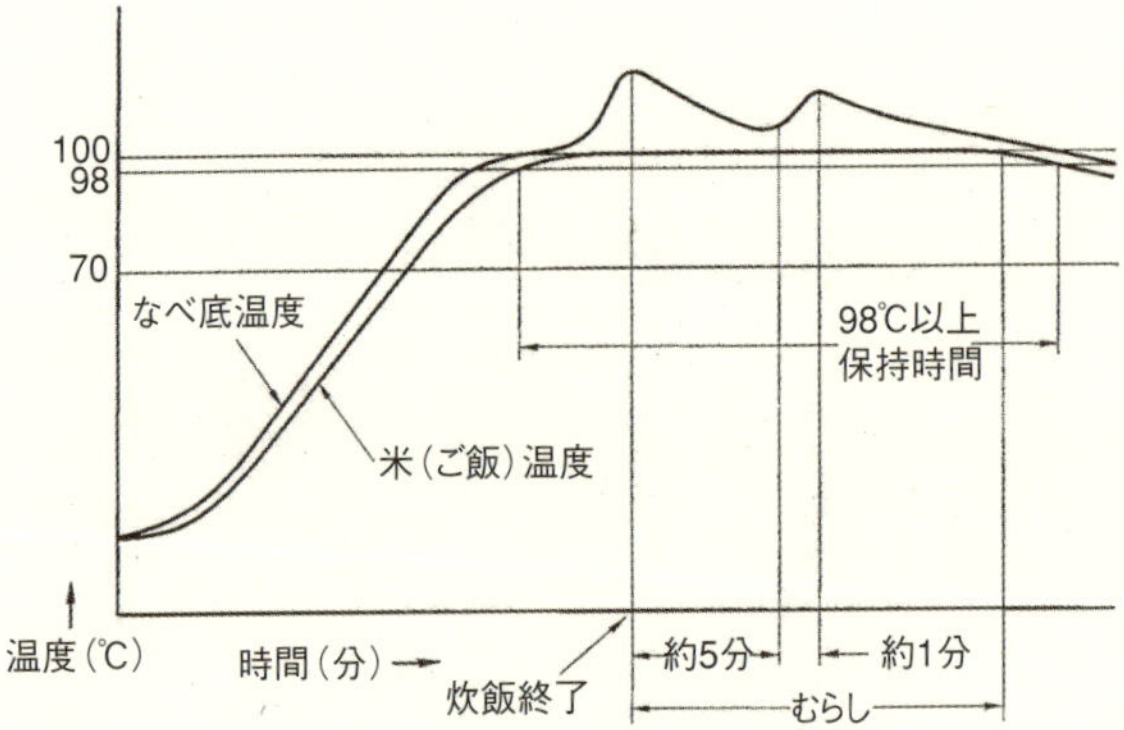

図-1　米（ご飯）と鍋底の温度変化

タ、タイマー、スイッチなど）担当の技術者と議論を重ね、本格試作に乗りだしました。何回も試作し、「かまど炊き風・二度炊き」が完成しました。

この技術開発により〝そこへババさま飛んで来て、わらしべ一束くべまして、それで蒸らしてできあがり、できあがり〟という古来かまどの言い伝えが伝承できました。

■「黒釜」の意味

もう一つ、見逃してはならない新技術に「黒釜」があります。

この輻射加熱式保温釜は、オーブンの中と同じように、赤熱するヒータにより内なべの下部全体を輻射加熱します。熱の伝わり方には、「伝導」、「対流」、「輻射」の三通りがありますが、そのうち「輻射」を利用した加熱方法です。すなわち、内なべの外側を黒色にすると、熱の吸収がよくなるのではないかと考えました。当時、内なべの外側はアルミの生地がそのままの白銀色でした。はじめに、内なべの外側をアルマイトで黒色加工し、実験してみましたが見事に失敗しました。輻射熱の高温により、アルマイト加工の黒色がはげて白くなってしまいました。そこで、耐熱性のよい特殊電解めっきにより、完璧な黒釜の製造方法を確立しました。

黒釜を試験の結果、予測どおり『輻射加熱により熱エネルギーの吸収が、これまでより加速される』ことがわかりました。「黒釜」は、煤《すす》で黒くなっている羽釜のおいしく炊けるイメージとも一致しました（**図Ⅰ-2参照**）。

その後、マイコンとセンサを組み合わせた家電商品出現の時代になり、以来ほぼすべての電気釜、保温釜に「二度炊き」発想が生かされています。また「黒釜」は、おいしく炊けるという印象が強まり、他の炊飯方式やＩＨ釜においても採用されています。ただし、輻射加熱方式でないものはどんなに黒い色の釜でも『省エネ効果』はありません。それは「黒釜」のイメージを、販売に利用しているにすぎません。

長い歴史に裏打ちされた言い伝えのなかに〝おいしく食べたい〟という人間の執念が、脈々と受け継がれていることに改めて驚いています。

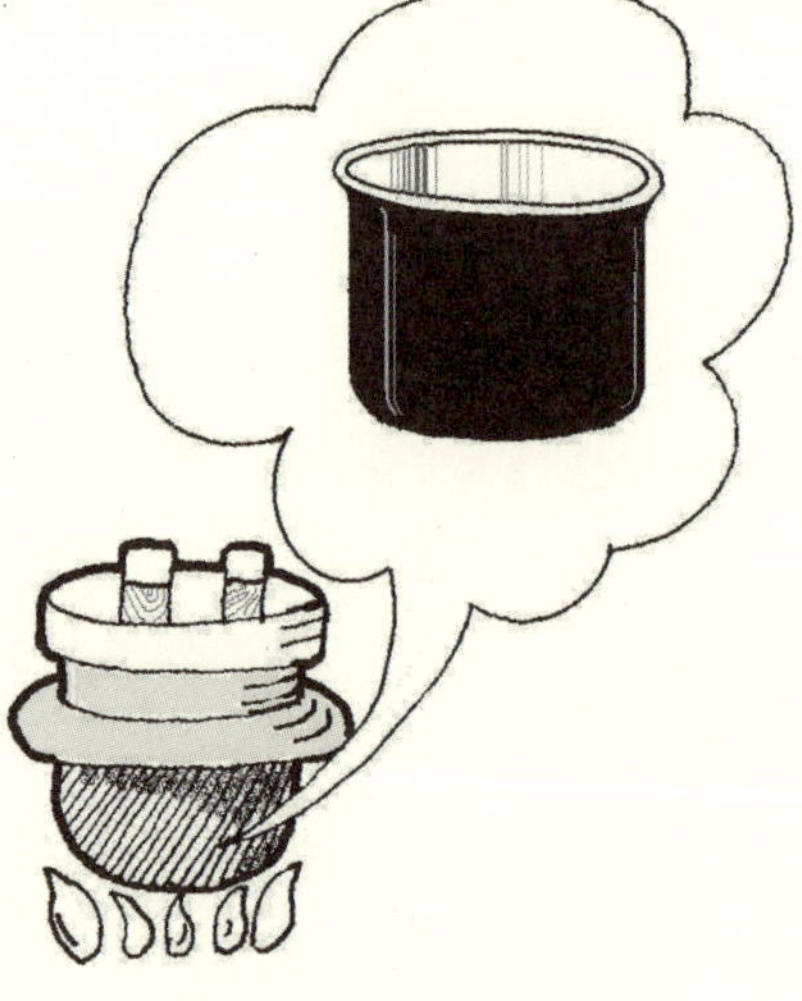

図-2　かまど炊き風・黒釜

参考文献

〈1〉大西正幸「かまど炊き風電子保温釜」東芝レビュー、35-5(1980)476-480

〈2〉大西正幸「最新　電子ジャーの徹底研究Ⅱ」電気店、23-3(1980)62-69

〈3〉「炊飯器改良は食味追及の歴史　東芝　大西正幸」商経アドバイス(1987・1・1)

14 知っていますか七つの関所

―「炊飯」までクリアできますか？―

■〝計量〟の前にすることは……

おいしいご飯を炊く秘訣《ひけつ》は〝炊飯〟の技術です。しかし、じょうずに炊くには〝炊飯〟に至るまでに、さらに七つの関所があります。それは〝米の入手〟、〝貯蔵〟、〝精米〟、〝計量〟、〝洗米（研ぐ）〟、〝加水（水量計測）〟、〝浸漬（浸し）〟の七つです。どの工程ひとつでも手抜きしますと、おいしいご飯は炊けません。これらが、すべて正しく準備できた後で〝炊飯〟作業をはじめます。どんなに便利な電気釜でも、この七つの関所を突破しなければおいしく炊けません。

①米の入手：好みと値段で選びます。最近では「コシヒカリ」、「あきたこまち」、「ひとめぼれ」などに人気が集中しているようです。

②貯蔵：湿気の少ない、日当たりしない冷暗所で貯蔵してください。

一般家庭用の計量米櫃《こめびつ》一〇～二〇kg程度）が、ホームセンターなどで売られています。最近は米の購入単位が小さくなり、ふた付きの透明小容器も多く出回っています。湿気の入りにくい容器に入れて、冷蔵庫に保管すると米の鮮度が保てます。

③精米：あたり前ですが、つきたて（精米直後）を食べるのが一番おいしいのです。炊く直前までは、精米しないで貯蔵します。

農家の多い地区では、農協などが運営する無人の精米装置があり、いつでも精米できます。都会では、一般に精米済みの米を購入しますが、家庭用精米機を使う家庭も増えました。

④計量：計量カップで正確に計ります。おいしいご飯を炊くには、米の量と水の量を正しく計らなければなりません。現在の電気釜は、一八〇ccのカップがついています。市販のカップは、区切りのよい二〇〇ccですので、うっかり量を間違えることがあります。

⑤洗米：米の計量が終わったら、たっぷりの水で手早くかき混ぜ、さっと水を切りましょう。洗米の目的は、米の糠《ぬか》分とごみを流すことです。水の濁《にご》りがなくなるまで二～三回かき混ぜて流してください。最近は精米機の技術レベルが向上し、以前のように強く研ぐ必要はありません。水洗いの後、ザルなどに受けることを〝水を切《き》る〟といいます（無洗米については後述します）。

⑥加水：基本は、内なべの水位線に合わせるのです

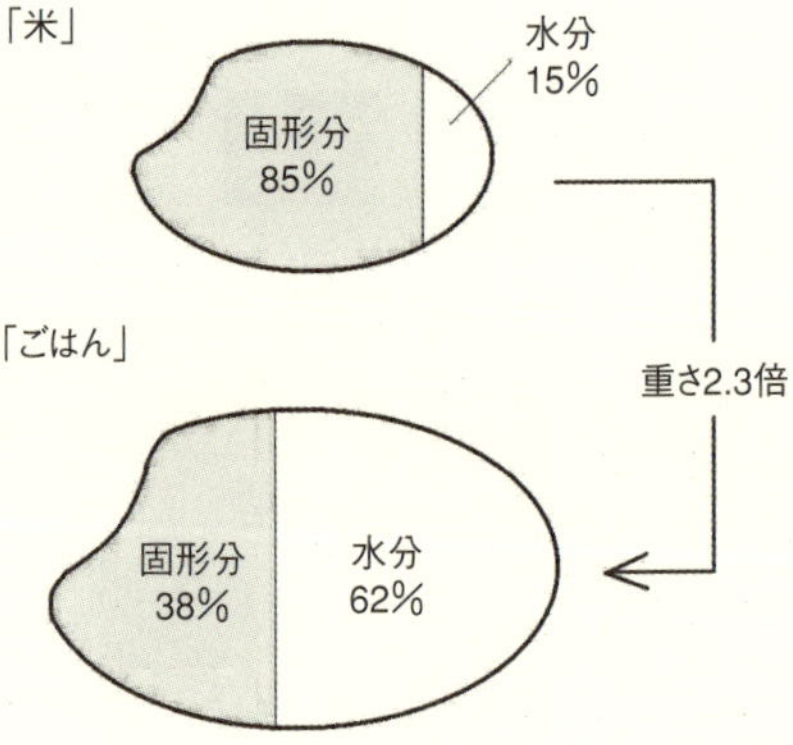

図-1　含水率

が、水平な明るいところで加水してください。水を重さで図る場合は生米の重さの一・二倍に蒸発分を見越し、少し加えた量が最適です。米一〇〇gに対し水約一三〇gです。この水量により、炊き上がったご飯の含水率が六二〜六三%になります。（図I-1を参照）やわらかめの好きな人はやや多めに、固めの好きな人はやや少なめに、水の量を加減してください。

⑦〝浸漬《ひたし》〟：通常、夏なら約三〇分〜一時間、冬は二時間以上水に浸してから炊飯スイッチを押します。マイコンとセンサを備えた最新の電気釜では、〝浸漬〟は自動化されています。今や、〝浸漬〟という言葉は死語になりつつあるということです。もちろん、マイコン以前の電気釜で炊くときは〝浸漬〟が大事な工程であり、これを忘れると、硬くてまずいご飯になります。

これで七つの関所を、無事通過しました。

しかし、それでも最後の〝炊飯〟が、もっとも肝心であることには変わりありません。

■ご飯をたくさん食べましょう

一人あたりの米の消費量は、昭和三七年度の年間一一八kgをピークに、平成一四年度にはなんと約半分の六三kgにまで減ってしまいました。（グラフを参照）そして平成一六年には、さらに六一・五kgに減りました。購入する米の単位も、一〇kg、五kgがあり、さらに少ない三kg、二kgといった小袋も出回っています。小袋だと、米の種類を変えて食べ比べることもできます。米はいつでも買えますので、一度に多くを購入せず、少しずつ買うのがおいしく食べるコツでしょう。

さあ、消化吸収のよいおいしいご飯をたくさん食べましょう。

参考文献

〈1〉「お米屋さんのためのすぐに役立つ炊飯技術」日本米穀小売振興会(1998・8・3)39-47

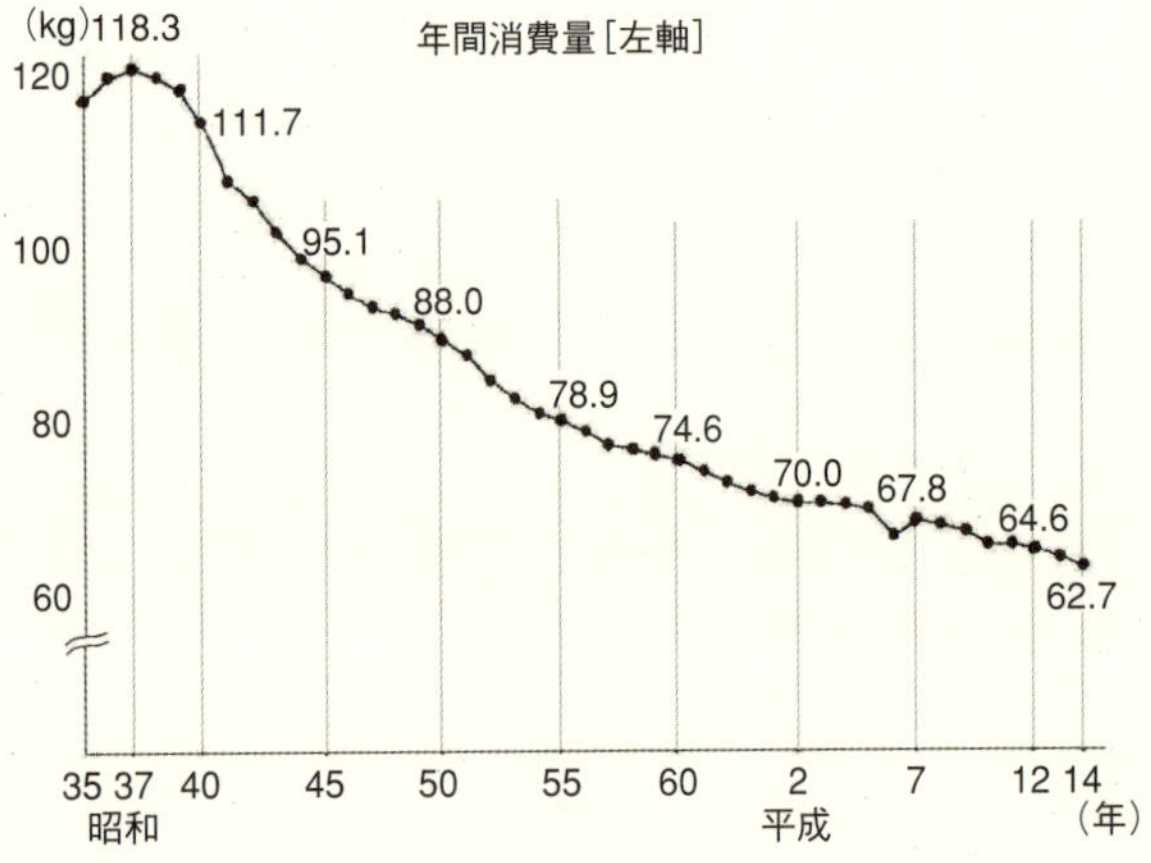

図-2　米の消費量の推移(1人1年あたり)(資料:農林水産省「食糧需給」)

コーヒーブレイク

③ 箸《はし》のはなし

箸《はし》は、ご飯やおかずを食べるとき口に運ぶ道具で、日本人にとって欠かせません。しかし、意外なことに奈良時代以前には使われていませんでした。それまでは、木製の匙《さじ》が使われていました。汁物は匙ですくい、その他は手づかみで食べていました。これを手食《てしょく》といいます。

箸は、推古天皇（女帝。在位五九二～六二八）の時代、六〇七年に遣隋使として派遣された小野妹子が、中国の食事作法とともに持ち帰りました。それを、聖徳太子が朝廷の饗宴儀式に取り入れたといわれています。例えば、三世紀の『魏志倭人伝』には、日本人は「食飲には籩豆《へんとう》（たかつき）を用い手食《てしょく》す」とあり、手づかみであり箸は出てきません。

じつは、中国から箸と匙が同時に持ち込まれ、匙は飯用で箸がおかずをつまむための道具でした。

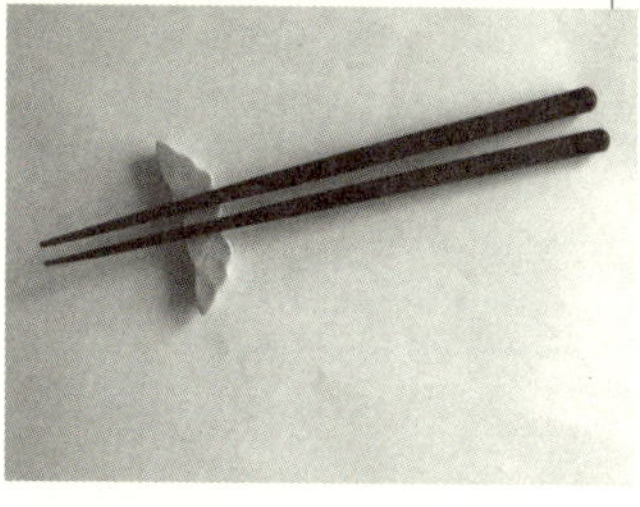

ご飯の食器（茶碗）は、膳に置いたまま匙で食べていました。これは現在の韓国と同じです。しかし、意外なことに匙は日本でも古くから貝などを使っていました。この場合は汁気をすくうためです。

日本では三世紀ごろは、飯は手で食べ汁気は匙（「カイ」と呼んでいた）で食べていたということになります。七〜八世紀にかけて、大陸から箸と匙（金属）が入ってきました。支配層からしだいに箸が使われだして、八世紀の終わりごろに、庶民も箸を使うようになりました。汁の実を食べる箸が飯用に逆転したと思われます。

匙は、なぜか日本人の食卓から姿を消してしまいます。ただし、古代日本では匙はしゃもじのようにも使ったようです。つまり、しゃもじは大きな匙の名残である可能性もあります。

日本独特の文化である割り箸は、檜や杉を製材した後の端材を利用して作られます。食堂などに出てくる安価な割り箸は、東南アジアなどの柔らかい木（針葉樹）を利用して作られています。

日本は箸の国です。箸を使って食事をする美しい所作は、日本の繊細な美意識に通じるといわれています。逆にどんなにきれいな女性でも、箸のもち方がだらしないと興ざめしてしまいます。

参考文献

〈1〉遠藤ケイ「暮らしの和道具」ちくま新書（2006・6・10）
〈2〉小泉和子「台所道具いまむかし」平凡社（1994・9・30）

イラスト：柳田早映

15

付属の計量カップを使っていますか

—米の計量と加水の再確認—

■その計量カップは一八〇ccですか

ご飯をおいしく炊く秘訣は、七つの関所を突破することです。その中でもとくに米の④計量と、⑥加水は適当に計るとまずいご飯になってしまいます。『注意深く計量したのに、じょうずに炊けない!?』……なぜか！　考え込んでしまうことがあります。

市販されている電気釜の炊飯容量は、ある時期(一九九〇年代半ば)まで〇・五四L(三合)・一・〇L(五・五五合)・一・五L(八・三合)・一・八L(一升)・二・七L(一升五合)、三・六L(二升)と、ほぼ標準化されていましたが、一・五Lおよび二・七Lは市場から消え、三・六Lはごく少数残っています。その理由は、核家族化と一人当たりのご飯を食べる量が少なくなったことが原因と考えられます。

現在販売中の商品は「L(リットル)」表示ですが、明らかに「合

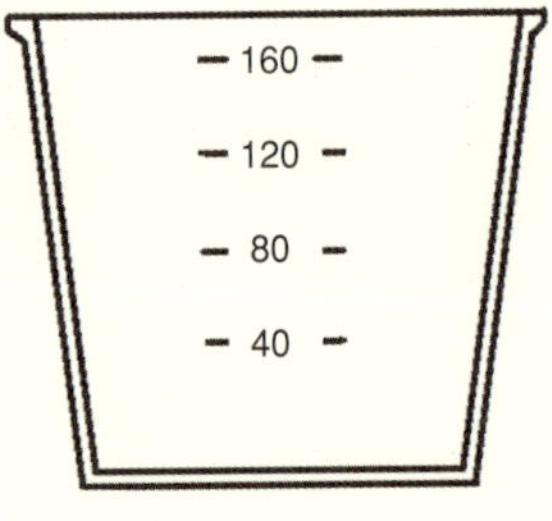

図-1　計量カップ（180cc）

（ごう）」を意識した表示です。

表向きは「L」で表示しているものの、本音は「合（升）」を継続しています。

また、付属の計量カップは一八〇ccです。これは一合を意味します。カップには、図I-1のように四〇、八〇、一二〇……などと単位なしで表示していますが、これは「cc」を意味します。

内なべの水位線も、図I-2のように二、四……などと単位を記載せずに表示しており、これは「合」を意味しています。内なべの水位線と計量カップは連動しています。いったいどうなっているのでしょうか。

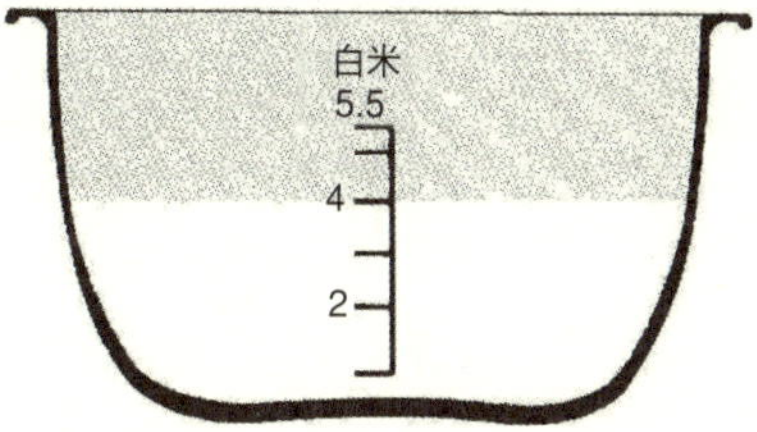

図-2　内なべ（水位線）

■表示はメートル単位系……でも

一九五五年、尺貫法の時代に売り出された自動式電気釜の炊飯容量は、小型（六合炊）、中型（一升炊）、などと呼び、内なべのメモリが六だと米六合のときに入れる水位線をあらわしていました。計量カップの数字は、四、六、八などと表示され単位が「勺《しゃく》」であり、カップ一杯では一合でした。

ところが、一九五九（昭和三四）年に、メートル単位系が計量法で義務付けられ、容量は「合（升）」から「L（リットル）」に変更されました。呼称が変わるだけでなく、一升は一・八〇三九L、となるので六合炊きは一・〇八L、一升炊きは一・八Lと表示することになりました。一・〇八Lでは、あまりに中途半端となるので一L炊き(五・五合炊き)に変えました。

計量カップは、当初二〇〇ccに変更したメーカーと、一合(一八〇cc)のままで変えないメーカーが混在しました。当時はまだ一八〇cc(一合)が使いやすいということになり、全メーカーが一八〇ccとなってしまいました。

このように、尺貫法からメートル単位系に変わったのはいつごろでしょうか。

一九六〇(昭和三五)年、第一一回国際度量衡総会において、国際単位(SI:International System of units)が決定されました。日本はじめ主要国はすべて導入を急ぎ、わが国は一九五九年にメートル単位系に切り替えました。このときから、容量(体積)はL(リットル)と表示されるようになりました。

引き続き、わが国は一九七一年計量法を改正し、JISにISO(国際標準化機構)が定めたSI単位を採用しました。一九九二年には計量行政審議会の答申を受け、計量法を大改正し国際的に合意されたSI単位を全面的に採用しました。また、二〇世紀中に猶予期間のあった重力単位系も一九九九年九月三〇日までにすべてSI化を実施しました。

このような背景の中で、市販の計量カップも区切りのよい「L(cc)」に生まれ変わり、二〇〇cc基準の計量カップが売り出されています。電気釜の付属品である計量カップをなくしたり、壊れた場合に市販の計量カップ(SI単位)を購入することになります。

また、調理関連のレシピにおいても『二〇〇 ccカップ 〇杯』などの表現があり、新旧のカップを使い分ける必要が出てきました。一〇%の誤差は大きいですね。

もし、ご飯がじょうずに炊けないときは計量カップを疑ってみましょう。

炊飯時の計量カップは、電気釜の付属品（一八〇 ccカップ）を使っていますか。確認してみてください。

参考文献

〈１〉 新計量法とＳＩ化の進め方、通商産業省（1999・3）

イラスト：柳田早映

16

おいしさの判定やいかに

―一番おいしいご飯―

■九八℃以上で二〇分間以上保つ

はじめて自動式電気釜が発売されたとき、〝そばについて炊く作業をしなくても、機械がかってに炊いてくれる……〟それだけで十分でした。電気釜が普及してきますと「かまどで炊くように、おいしく炊きたい」という声も出てきました。それから半世紀、企業はよりおいしく炊ける電気釜を求めて日夜開発に明け暮れています。初期の電気釜の時代、保温が可能になったジャー炊飯器（保温釜）の時代、そしてヒータを使わないＩＨ炊飯器の時代へと順に進化してきました。おいしく炊けているかどうかの判断は次のように行っています。

米がおいしいご飯に変化することを、食品学では「βでん粉がαでん粉に変化する」といいます。簡単にいえば、消化しやすい状態に変化することです。きちんとαでん粉に変化させるには、温度が九八℃以上で二〇分間以上保つ必要があります。この変化の過程を「むらし」と呼びます。「むらし」が、十分行われたかどうかの判断のひとつが、ご飯の含水率を調べるとわかります。おいしいご飯の含水率は、これまでの食品学の経験から六二～六三％の範囲とされています。

■どの箇所も「含水率」六三％

「含水率」とは、米に含まれている水分量をさしており、通常、生米のときは約一五％です。含水率は、次のように測定します（計算式は、後記）。

ご飯が炊き上がると、測定場所のご飯粒を一定量（一つまみ）すばやく取りだし、その重量（Yg）を正確に計ります。次に、そのご飯をそのまま恒温槽《こうおんそう》（一定の温度を保ち続けることができる装置）にいれ、一〇〇℃より少し高い温度に設定し、水分を完全に蒸発させます。その重量（yg）を計って、計算式に当てはめると「含水率」となります。つまり、最初の炊き上がり直後の重量（Yg）から、乾燥したあとの重量（yg）を引き、炊き上がり直後の重量（Yg）で割ります。これに一〇〇をかけると含水率となります。

電気釜の中は、その場所によって含水率が微妙に異なります。つまり、ご飯の炊き上がり状態は、内なべの中のすべてが均一ではありません。したがって、電気釜全体の性能を正確に図るには、内なべの断面の中央（中心）に対し上下、左右あわせて九箇所以上のデータが必要です。

ある電気釜の性能を確認するときには、内なべの中のばらつきを含めたデータ取りが欠かせません。一〜二箇所調べただけでは、間

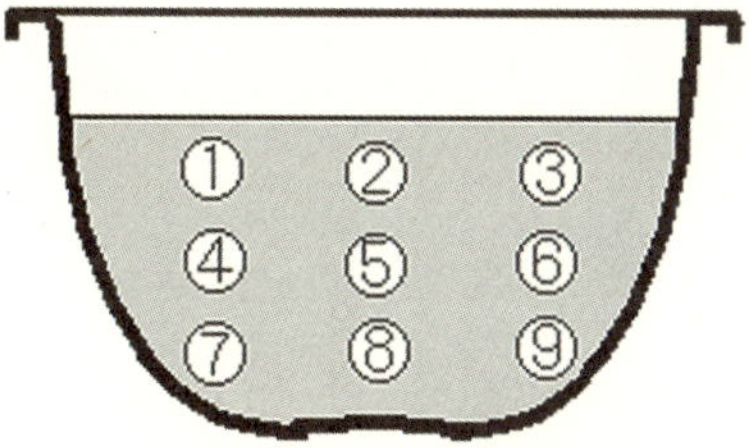

図-1　含水率測定箇所

違った判断をします。

含水率　$Z = (Y-y) / Y \times 100$(%)

Y：炊き上がり重量(g)、　y：乾燥後の重量(g)

■評価は、みんなで食べ比べ

さて、あたらしく開発した電気釜の〃炊飯能力〃を、これまで販売中の商品と比較する場合を考えて見ましょう。例えば、新旧合わせて三台の電気釜なら、最低二七箇所のデータが必要です。当然のことながら、米は同じものを同じ条件で同時に炊きます。炊飯条件を、いかにそろえるかが大切です。

測定器で数値化できるものとしては、硬さと粘りの測定にレオロメータ、テクスチュロメータ、そのほか味度計などがあります。このときも、九箇所以上測定比較しなければデータの意味はありません。しかし、人が〃おいしい〃と感ずる要素は、におい、硬さ、粘り、つや(外観)、味、歯ざわり(触感)などもっと多くの要素があります。これらは、計器のみでは、なかなか判定できません。

図-2　食味官能試験(日本穀物検定協会)

表-1　米の分析試験依頼書

(様式第1号)　JGIA004

分　析　試　験　依　頼　書(米の食味官能試験)

「(財)日本穀物検定協会　依頼分析試験規程」に拠り、下記の分析試験を依頼します。

下記太枠内をご記入下さい。

受付番号	受付年月日

依頼年月日		平成　年　月　日		
依頼者	住所	〒		
	会社名	印		
	部署名			
	担当者	(役職)　様		
	TEL		FAX	
上記の依頼者名と異なる場合はご記入下さい。				
報告書	記載の依頼者名			
	送付先住所	〒		
	会社名			
	担当者			
請求書	請求先氏名			
	送付先住所	〒		
	会社名			
	担当者			
報告書の種類 (ご希望の種類に一つ○印をお付け下さい。)		1. 供試米単位 2. 報告書単位 3. その他（　　　）		
ご依頼の目的 : 1. 商取引　2. 品質管理　3. 研究開発　4. その他（　　　）				

基準米（どちらかに○印をお付け下さい。）	供試米（産地・品種）	点数	その他
1. 当会基準米			
2. その他			
(産地:　　　)			
(品種:　　　)			
	＊無洗米の場合は加水量をご指定下さい。		

備考 (試験方法(組み合わせ)ご要望等ありましたら、ご記入下さい。)	

(財)日本穀物検定協会 TEL 03(3668)0911　FAX 03(3668)0058 〒103－0026　東京都中央区日本橋兜町15－6製粉会館3階	受付者

＊食味試験報告書の内容を他に掲載、発表するときは当協会の承認を受けていただきます。

そこで、最後の手段として大勢の人が食べ比べをします。これを、調理科学では「官能検査」と呼び、最低八名、できれば一六名以上で、いくつかの項目ごとに比較評価します。これらの官能試験に参加する人を「パネラー」と呼び、通常〝二点嗜好試験法〟により行います。すなわち、二つの試料（この場合はご飯）を比較し「自分はどちらが好きか」により選択します。あらかじめ、実験計画を明確にした上で、手早い評価が必要です。日本穀物検定協会では、二四人のパネラーが「外観」、「香り」、「味」、「粘り」、「硬さ」、「総合」の各項目を相対法で比較し評価しています。

〝おいしいご飯〟も、個人差があります。実験データのバラツキを防ぐために、多くの人数が必要になります。炊飯器が進化し、他の炊飯器との性能に差が少ないだけに、「官能検査」の精度が問われます。

参考資料

〈1〉「分析試験依頼書（米の食味官能試験）」日本穀物検定協会

参考文献

〈1〉藤巻宏他「炊飯米の光沢による食味選択の可能性」農業および園芸 50-2(1975)3-17
〈2〉池田ひろ他「米食の性状と構造の関係について（第1報）」日本家政学会誌、47-9(1996)877-887
〈3〉池田ひろ他「米食の性状と構造の関係について（第2報）」日本家政学会誌、48-10(1997)875-884

17 ご飯をほぐしていますか
―炊飯後においしくする技術―

■すばやくほぐすと、おいしくなる

一般に、ご飯は炊きあがったらすぐ食べるのがおいしいとされています。でも、ご飯を解《ほぐ》して、少し間をおいてから食べてみましょう。さらにおいしくなります。

炊き上がったら一度ふたを取り、しゃもじでそっと混ぜ合わせる作業を「ほぐす」といいます。ほぐすとは「凝り固まったものをやわらかくする」の意味です。ほぐす目的は、ご飯粒についた余分な水分を取り、ご飯粒の表面に少し張りを持たせることです。歯ごたえのよい艶《つや》と透明感のあるおいしいご飯となります。ほぐす作業はしゃもじでこね回すのではなく、軽くやさしく扱うことです。しゃもじでご飯を縦(垂直)にすばやく、こまめにほぐします。ほぐさないでそのまま保温すると、ごはんが固まったままべチャついてまずくなります。

■炊きたてに勝るものなし

いつも、炊きたてを食べるとは限りません。

保温釜が登場してから一二時間保温ができるようになり、今では二四時間保温も可能になっています。朝炊いて昼・夜は保温したご飯を食べている人もたくさんいます。保温温度は七二～七三℃です。高い温度のままでは、水分が飛び硬くなり黄変しやすく、温度を下げると、自然の中にいる枯草菌が繁殖し腐敗しやすくなります。この温度(七二℃)は、枯草菌による腐敗を避ける最低温度です。長時間保温はどうしてもまずくなりますので、できるだけ避けましょう。

ＪＩＳ(日本工業規格)では、少し余裕を取って「上・中・下の各箇所の温度は六七～七八℃であり、著しい焦げの進行、異臭および褐変がないこと」、さらに「上・中・下の各箇所の最高と最低の平均値と各測定点との差が一・五℃をこえないこと」と決めています。

しかし、困ったことに時間がたつほどおいしさは遠のいていきますし、ご飯は冷えると硬くなります。これを〃老化現象〃といいます。炊き上がって糊化したαでん粉が、βでん粉に戻るのです。さて「もっとおいしく食べる」にはどうすればよいのでしょうか。その秘密を教えましょう。

①保温中のご飯：一般には、保温状態のまま食べます。

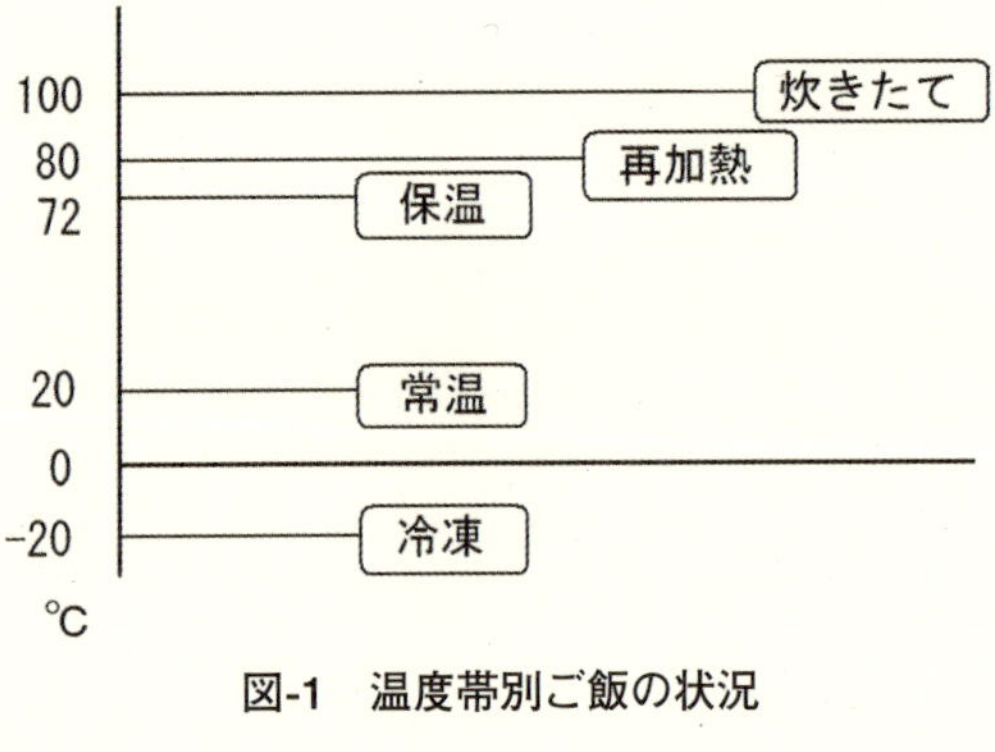

図-1　温度帯別ご飯の状況

しかし、保温温度は七二～七三℃と炊きたての温度よりも低いので、食べる直前に〝再加熱〟スイッチを押しますと、ふたたび八〇℃近くになって炊きたてに一歩近づきます。

〝再加熱〟スイッチがない機種は、炊飯スイッチを押せば適当な時間に切れて熱くなります。この場合は、すこし焦げ目がつくことがあります。

②保温せず、自然に冷えた（常温二〇℃）ご飯：お茶碗に入れ、ラップして電子レンジで熱くします。

ちょっと手を加えて、チャーハン、ピラフ、カレーにするとおいしく食べることが出来ます。あるいは、ご飯が少し冷めたところで、手早く甘酢を使って酢飯にしておきます。シンプルライフで、おにぎりを作っておくのもうまい手です。シャケか、オカカを忍ばせておくと、お袋の味です。取っておきは、シュンシュン沸かしたお湯でお茶付けがおいしいです。昆布か梅干一つあれば上等です。

③冷凍保存したご飯：もう常識でしょうが、一食分ずつ薄いラップで包み冷凍庫に入れておきま

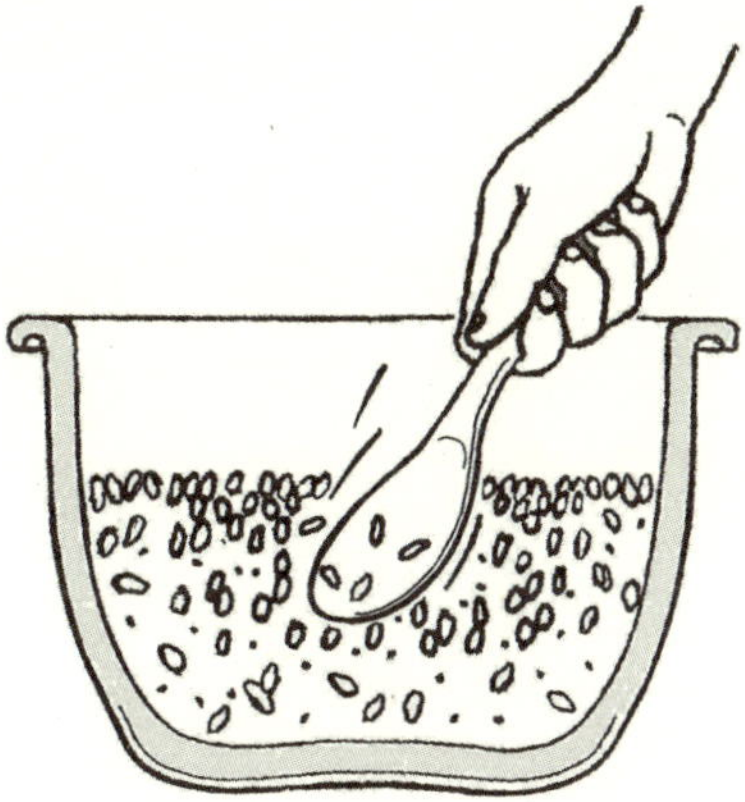

図-2　ご飯をほぐす

す。でん粉の老化温度帯をすばやく通過させるのが、おいしさを保つコツです。炊きたての香りと水分をそのまま包み込みます。食べるときは人数分取り出し、電子レンジで急速加熱します。二週間ぐらいは十分保存でき、炊きたてに近いおいしさを再現できます。

もっともおいしく食べるには、毎回ご飯を炊くことです。炊きたての真っ白なふっくらあつあつご飯をササッとほぐして茶碗によそい、フーフー息を吐きかけてガツガツ食べるのが最もおいしい。これに勝るものはありません。みなさんは、ご飯をほぐしていますか。

参考文献

〈1〉 付録3「電気がま及び電子ジャー（JIS C 9212）」

イラスト：柳田早映

技術ノート——目のつけどころ

３ 上縁部の溝

炊飯器のふたを開けると、本体上縁部をみることができます。内なべの縁がのっている箇所です。家庭で毎日炊飯作業をしていると、いつの間にかこの本体の上縁部の溝にご飯粒が落ちます。この溝に、硬くなったご飯粒がたまります。この硬いご飯粒が増えると、ふたをするときに押しつぶすような音がして、動作を妨げるようになります。またあるときは、一般に本体上縁部の前方（手前）にあるふたのロック部の穴に、この硬くなった飯粒が入り込んで、動作できないときがあります。なぜ、わざわざご飯粒がたまりやすい溝になっているのでしょうか？　これは保温釜が発売された一九七二年以来、露が本体の外に垂れるのを防ぐために設けてあると思われます。しかし、よく観察するとつゆはヒンジ周りしか落ちません。

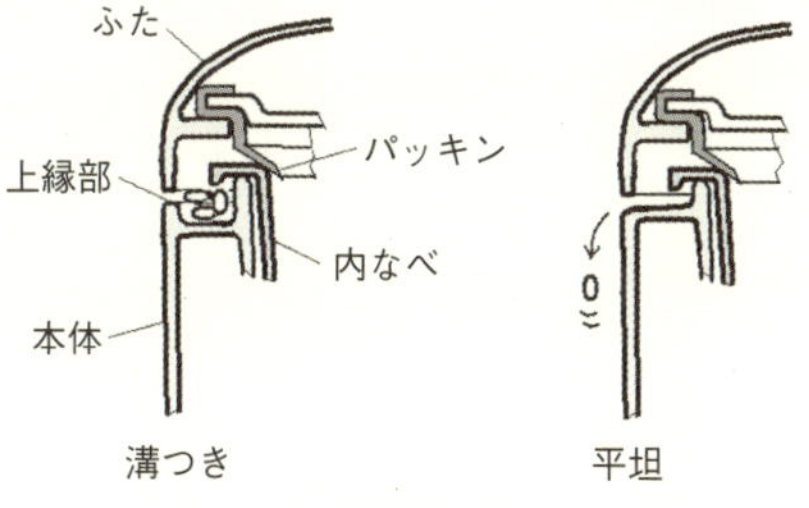

上縁部の構造

そこで、本体の上縁部のヒンジ周りだけつゆたまりを設け、大部分を溝なしの平坦にして試作し使ってみました。すると、これまでのようにご飯粒が上縁部に溜らないので動作もスムーズで、掃除もしやすく、何よりデザインもよくなることがわかりました。今では、この上縁部が平坦なデザインの釜が増えてきています(図参照)

第四章　おいしいデザイン

「単色塗装」、「花柄」、「ステンレス」、さてさて

18

かまど炊きから電気釜への時代

―ご飯がおいしい？　デザイン　その一―

■文化生活を約束するデザイン……

商品を購入しようと電気店に出かけると、たくさんの新商品を前にしてどの商品にするか迷います。

商品購入を決める基準は人それぞれですが、店の担当者に聞く、カタログをみる、商品を見比べる、価格を比べる、大きさをみる（寸法を測る）などいろいろ研究します。用意周到な人は、友人、知人で最近購入した人の意見を聞いてきます。さらに研究熱心な人は、公的機関が発表する比較試験のデータを手に入れて検討します。ところが、意外に気付かずに大きい影響を受けるのが〝デザイン〟です。それでは、『ご飯がおいしく炊けそうなデザイン』の電気釜があるのでしょうか。

図-1　かまど炊き

自動式電気釜がはじめて世に出た一九五五年、人々は「それまでのかまどで炊くのに比べ何と便利な商品だろう」ということにのみ注目して買いに走りました。当時、東芝でデザインを担当していた岩田義治氏は、便利さだけでなく「いかにも高級で、おいしく炊けそうなイメージ」をデザインしました。

「ちょっとよい磁器の茶碗にみられるゆるやかで張りのあるカーブと、ふっくらとした鋳物の伝統的な釜をイメージしながら、清潔感と落ち着きをシンプルに表現した」さらに、「真っ白なボデーと光輝アルミのふたで、家庭に持ち帰ったときに、明日からの文化生活を約束するものとしてデザインした」と、懐古しています。

一九五〇年代のモダンデザインの理念としては、「形態は機能に従う」という有名な言葉に代表される機能主義デザインが支配的でした。「シンプル・イズ・ベスト」は、虚飾を廃して、製品（商品）の機能に忠実な合理的側面を強調しています。岩田氏は、「デザインの基本はシンプルにある。しかしながら、これが難しい。ディテール（細かい点）に対する研ぎ澄まされたセンスこそ大切」と指摘しています。

■譲らなかった「張りのあるカーブ」

電気釜（RC-6K）本体のカーブ（傾斜）は、現在のプレス加工技術でもきわめて難しい形状でした。一枚の鉄板を何度もプレスし、この形状に仕上げます。これを〝深絞り加工〟といいます。一般に深絞りする場合は、ほぼ円筒形状に加工するのが世の常識でした。筒の形状だと比較的絞りやすく、工程も少なくなります。微妙な〝張りのあるカーブ〟をめぐっては、きっとデザイナーとプレス加工担当者の間で意見が合わなかったと想像できます。デザイナーは絶対譲らなかったに違いありません。

図-2　自動式電気釜デザイン（資料：東芝）

「形態は機能に従う」とは、『デザインというものは、ご飯をおいしく炊くという機能を表すべきである』ということです。いいかえれば「ご飯がおいしいデザイン」が望ましいということです。

本体の正面下方に黒い操作パネルを配し、ここにスイッチと見やすい表示ランプを設けました。これは、古来かまどの焚き口を意識しており、ランプは焚き口から火が見える様子を表しているのだそうです。

この電気釜は、ただ機能を目指すのではなく、「ご飯がおいしく炊けるデザイン」という形態をあらわしています。さりげなくついている本体取っ手や、ふたのつまみ形状にも持ちやすさを考えた独特の工夫がみられます。また、氏は『真っ白いお茶碗に真っ白いご飯というイメージに直結するようなデザインをしてやろう』と思ったそうです。白と黒で統一した清潔感の漂う色調がふさわしく、今も通用するすばらしいデザインです。

■工業デザインの先がけ

当時、見た目も斬新《ざんしん》な工業製品でありながら、なじみのある〝かまどと羽釜のイメージ〟をしっかり残し、一九五八年グッドデザイン賞（Gマーク）を受賞しました。おどろいたことに、このデザインは九年間続き、さらに類似のデザインは二〇年間も続きました。モデルチェンジの激しい今日では、考えられないことです。

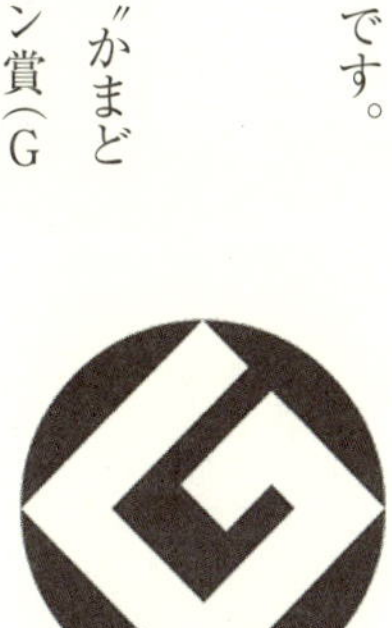

図-3　Gマーク

自動式電気釜は、〝古来かまどの理論を自動化した〟だけでなく、〝わが国工業デザインの先がけ〟でもあったといわれています。

それにしても、当時のデザイナーの執念が見えてくる作品です。

参考文献

〈1〉「倒産からの大逆転劇 電気釜――プロジェクトX 未来への総力戦」NHK出版（2001）252～255
〈2〉豊口協「Gマークのすべて」日本実業出版社（1985・9・15）

19

家中、花園となった時代
―ご飯がおいしい？　デザイン　その二―

■元祖花柄は魔法瓶

いま、花柄の描かれた炊飯器を探しても見当たりません。約四〇年前の一九六七（昭和四二）年に、花柄のさきがけとなったある商品が売り出されました。それは、ナショナル魔法瓶工業の花柄「魔《ま》法瓶《ほうびん》」でした。ここでいう「魔法瓶」とは、ステンレス製の保温保冷ボトルのことではありません。ガラス製の二重になった瓶の中にめっきをほどこし真空《しんくう》にして、熱の伝導、対流、輻射を極力防止して瓶内部の温度を保ちます。

魔法瓶は、一八九二年イギリスの化学者ジェームス・デュワー（James Dewar）が発明しました。その後、一九〇四（明治四四）年ドイツで商品化されわが国に輸入されました。一九一二年、国産初の魔法瓶が製造されています。

さて、この魔法瓶が売り出されますと、大阪の大手各社が一斉に花柄模様の魔法瓶を発売しました。一九五三（昭和二八）年、象印マホービンが飯米保存用の広口タイプのジャーを開発しました。もちろん、これにも花柄をつけました。ところが、保温性能が今ひとつで評判はよくありませんでした。

一九六〇年代に入ると、半導体が次々に開発され、その中に「ポジスター」という半導体が現れました。「ポジスター」は、設定した温度を保つ性質があります。この「ポジスター」を応用して一九七〇（昭和四五）年、象印マホービンが、「電子ジャー」を発明しこれにも花柄模様を施しました。七〇℃を保つように発熱するので、ご飯が冷めません。この冷めない電子ジャーは、主婦の人気を呼び大ヒットしました。そこで各社が競合するところとなり、「花柄模様」が全国的にあらゆる商品に波及していきました。

■ジャー炊飯器（保温釜）に花柄

一九七二（昭和四七）年、三菱電機がはじめてジャー炊飯器（保温釜）を発売しました。これは電気釜に電子ジャーの保温機能を組み込みました。この炊飯ジャーに花柄模様をつけたことにより、あっという間に家電製品に花柄模様が広がりました。しかし、この時不思議なことに電気釜には花柄模様がありません。これには理由《わけ》がありました。電気釜の本体は一重構造です。本体は、鉄板をプレス加工で深絞りし

図-1　象印 電子ジャー
（資料：ほぼ日刊イトイ HP）

て成型し、塗装します。したがって曲面に多色刷りはたいへん困難でした。しかたなく、電気釜は単色のままでした。

それに対し、ジャー炊飯器は保温機能があるので二重構造です。本体の外枠は、カラー印刷鋼板を使って湾曲させ、加締める構造です。つまり、魔法瓶や、電子ジャーと同じ構造なので花柄印刷ができます。

この時代は、計量米びつやホウロウなべ、さらにはビニール製の衣裳ケースにまで花柄模様が広がり、家中花園になりました。

■消えた花柄

デザインは流行です。とくに家電は変化が激《はげ》しいです。花柄模様は、すぐに廃《すた》れてカラーの淡いリングに変わりました。そして、一九八六(昭和六一)年、三菱電機が本体のオールプラスチック化を実現し、一九八八(昭和六三)年、本体も内なべも四角いデザインで発売しました。プラスチック成型なので、いろいろな形状が可能でした。素材がプラスチックで、形状が立体化されると印刷はできませ

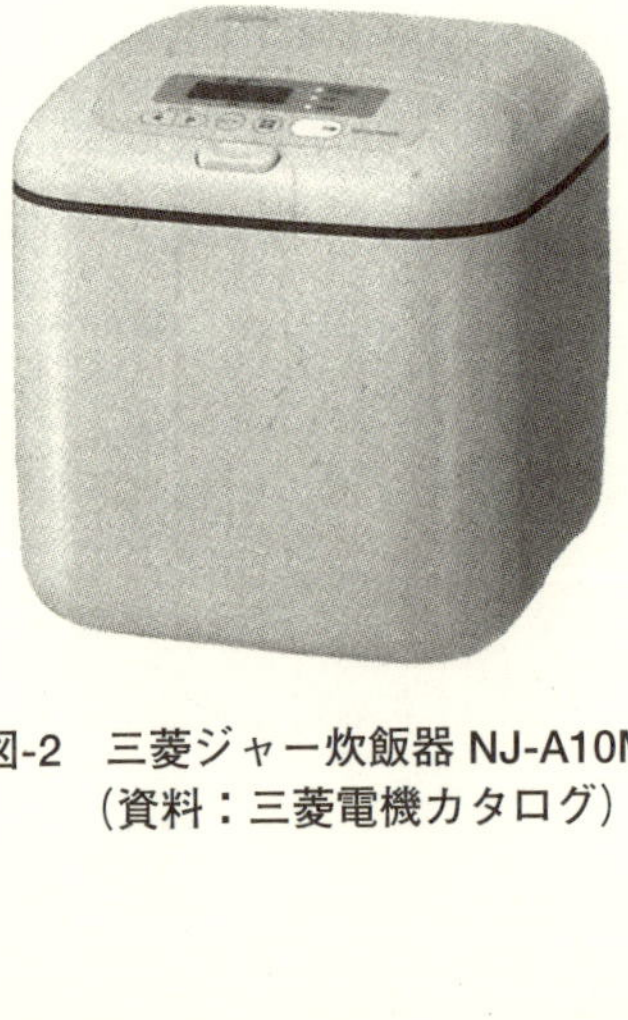

図-2　三菱ジャー炊飯器 NJ-A10M
（資料：三菱電機カタログ）

ん。この時期から模様は一切なくなり、シンプルな白色系が主力となってきました。

ところで、元祖電子ジャーの花柄模様はその後どうなったでしょうか。どっこい、現在も生きています。二〇〇六年一〇月現在も、一部の魔法瓶メーカーでは、やや控えめの花柄模様付き「魔法瓶」、「電子ジャー」を販売しています。「魔法瓶」、「電子ジャー」は、花柄ですから「魔法瓶」、「電子ジャー」であり続けられるのでしょう。あれから四〇年、なんと息の長い流行ではありませんか。

参考文献

〈1〉「三菱電機デザイン史」三菱電機（2004・3）

20

形状自在、プラスチック化の時代

―ご飯がおいしい？　デザイン　その三―

■はじめは単色塗装

最近のジャー炊飯器（保温釜）は、本体やふたにステンレス鋼板を貼り付けて、高級感を争うようになりました。家電商品の、高級化路線のひとつです。一九五五（昭和三〇）年、初めて売り出された電気釜の本体は、鉄板をプレス加工で深絞りして成型し、塗装しました。したがって、形もあまり変わったものはできず、各社が似たようなデザインの時代でした。

一九七二（昭和四七）年、三菱電機がはじめてジャー炊飯器（保温釜）を発売しました。これは電気釜に電子ジャーの保温機能を組み込みました。ジャー炊飯器は保温機能があるので二重構造です。本体の外枠は、カラー印刷鋼板を使って曲げ加工し、加締める構造でした。

名前が印刷鋼板ですから、どんな模様も自在に多色刷りができました。ジャー炊飯器の出始めは花柄模様をつけたことにより、あっという間に家電製品全体に花柄模様が広がりました。

しかしあまり長続きはせず、しだいにおとなしい単純な模様に変わりました。

■四角い本体に四角い内なべ

一九八六（昭和六一）年、三菱電機が本体をオールプラスチック化したジャー炊飯器を発売しました。最初は、従来のカラー印刷鋼板の形状をそのまま樹脂化しました。一般タイプと小容量タイプ（おむすび形状）のかわいいデザインです。引き続き一九八八（昭和六三）年、それまでの常識では考えられない斬新なデザインのジャー炊飯器を発売しました。四角い本体に四角い内なべです。しかも、それまではふたに付いていた取っ手をなくし、本体左右の下部にわずかに手が入る凹みがあるだけのシンプルそのもののデザインです。プラスチックだからこそ可能なデザインをめざしました。プレス加工とは異なる曲線美で成型されています。いかにも、ご飯がおいしく炊けそうなデザインです。さらに加えるならば、ふたにフラットな操作パネルがあり、同じくふたにある小さなボタンを押せば、ふたは自動で開く「ワンプッシュオープン」と呼ぶ構造です。ヒンジにスプリングが装着してあ

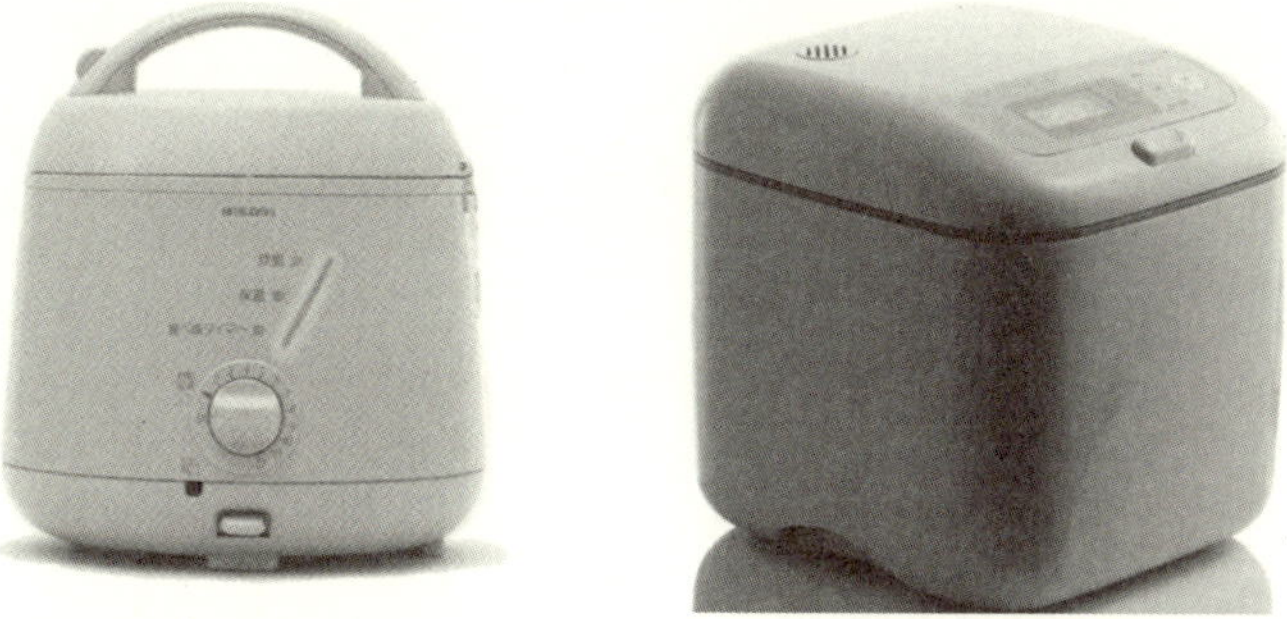

（a）1986（昭和61）年　（b）1988（昭和63）年

図-1　三菱ジャー炊飯器（本体オールプラスチック）（資料：三菱電機カタログ）

ります。このデザインと仕様は、相当時代を先取りしていました。また、四角い内なべは、二・五ミリのアルミニウム合金で加工(アルミダイキャスト(注1))していました。

ところが、このデザイン(四角い内なべ)そのものは、しばらくするとモデルチェンジしました。しかし、本体のプラスチック成型による斬新な形状は引き継がれ、今日に至っております。なお、操作部の位置については、本体前面にあるものとふたにあるものにわかれ、いまも市場には両方式が混在しています。操作部が前面にあるものは、操作性やデザイン性を重視したもので、上面にあるものはコンパクト性に重点を置いた設計です。

■ステンレス鋼板、貼り付けの時代

ジャー炊飯器は、本体がプラスチックに変わってから、白を基調色にして形状を変えて長く続いています。しかし一九九九(平成一一)年、またもや三菱電機のジャー炊飯器が新しいデザインで登場しました。それは、本体やふたにステンレス鋼板を貼り付けて、高級感をいやがうえにも高めたデザインでした。この時期ほかの家電商品でも、本体にステンレス鋼板を使ったものが出始めていました。各社

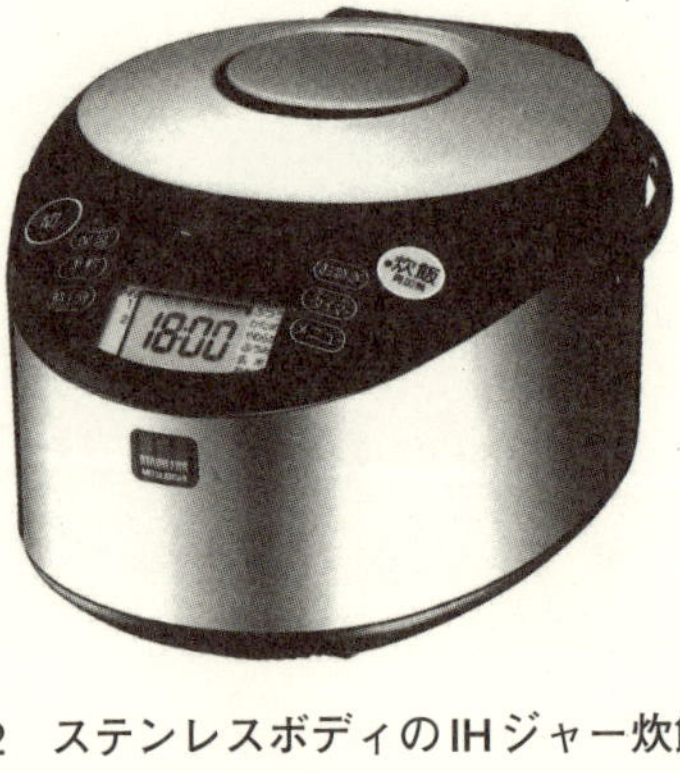

図-2　ステンレスボディのIHジャー炊飯器

もしばらく様子をみていましたが順に参入し、いまでは高級機種のデザインとして市場を確立するに至りました。このようにジャー炊飯器のデザイン史を顧みますと、デザイン革新は三菱電機によることが多いようです。

ところで、三菱電機は小容量タイプ（おむすび形状）のデザインを、基本を変えずに二〇〇五年度まで約二〇年間続けました。モデルチェンジの激しい家電にあって、超長寿命のデザインです。

（注1）　アルミダイキャスト：アルミニウム合金を高温炉で溶かし、金型のなかに射出し成型する方法。

参考文献

〈1〉　「三菱電機デザイン史」三菱電機（2004・3）55

コーヒーブレイク

❹お茶碗《ちゃわん》のはなし

お茶碗《ちゃわん》は、ご飯を入れて食べる道具です。なぜ、ご飯なのに「お茶」椀なのでしょうか?

いまは、食器といえば焼き物ですが、江戸時代のはじめごろまでは主に木の器が使われていました。つまり銘々膳の上に漆器の飯椀と汁椀が配されていました。江戸時代初めのやきもの椀といえば、陶器で文字通り茶を飲むための大き目の「茶碗」でした。江戸時代の終わりころには、農民や町民が焼き物の「ご飯茶碗」を飯椀として用いるようになりました。伊万里焼などの粗製時期で、漆器に比べてはるかに安く丈夫でした。明治時代のはじめごろには、誰もが焼物のご飯茶碗を使うようになりました。

これが「お茶碗」の由来です。汁物は熱いので、熱を伝えにくい漆器で残りました。

いまでは、お茶碗は「私の器《うつわ》」というように、個々人に属します。佐原真著「食の考古学」では、これを「属人器」といいます。汁椀・箸・湯飲み茶碗なども「属人器」です。数人で食卓を囲む場合、数人で共用する大皿・大鉢を「共用器」。各自が銘々で使う小皿・小

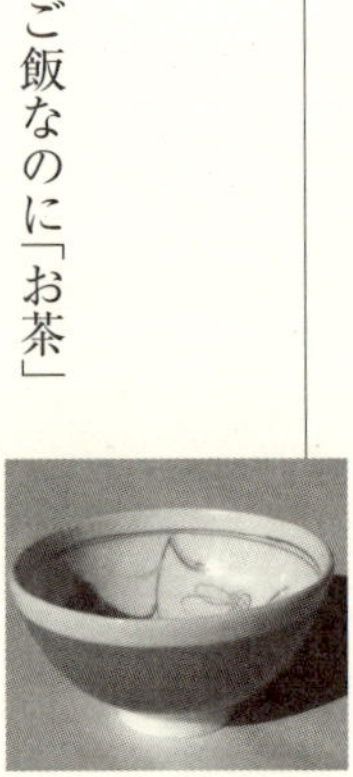

鉢・茶碗・箸・匙などを「銘々器」と呼びます。銘々器の中で、誰かが使っている間は、その人しか使わないものを「属人器」といいます。

このように「私の器」の意識を持つようになったのは、人々が字を覚え自分の意思を文字で表現できるようになった奈良時代からであろうと推定されています。「属人器」が発展すると、男用・女用・子供用などと区別されるようになりました。器の大きさ・かたち・色・模様などで「私の器」を区別しているのです。

ところが、飯椀・汁椀・箸・匙などを「属人器」として使っているのは、朝鮮半島と日本だけだそうです。中国には「属人器」はないようです。そして欧米には「属人器」はほとんどありません。したがって、それらの国々では男用・女用・子供用などと区別はありません。

参考文献

〈1〉　小泉和子「ちゃぶ台の昭和」河出書房新社(2002・11・20)
〈2〉　佐原真「食の考古学」東京大学出版会(1996・10・18)

21

新商品のつくり方

―市場調査から、販売まで―

■ほぼ、毎年モデルチェンジ……

販売店に行けば、炊飯器は選ぶのに困るほどたくさん並んでいます。最近では日本全体で、年間六三〇万台も売れています。ＩＨタイプが順次増加し、二〇〇五年度で五八％に達しました。まもなく六〇％を超えることでしょう。

生活家電商品は、ほぼ毎年モデルチェンジしています。炊飯器も主力機種（各社で、もっともたくさん販売される機種）はフルモデルチェンジし、準主力以下はセミチェンジするのが普通です。フルモデルチェンジとは、文字通り商品全体の設計、デザインなどすべて新しくなることをいいます。セミチェンジとは、一部の仕様を新しくしますが、他はこれまでの部品を共通に使うことです。フルモデルチェンジしますと、金型代に数億円かかります。売れ行きの少ない準主力以下は、三～五年程度でモデルチェンジします。

■商品企画手順とは

『次は、どんな商品を売り出すか』各社の商品にかかわる人たち（商品企画担当、開発技術者、デザイナーなど）は、年がら年中頭を悩ませています。商品企画担当者が全体計画を立案し、関係部門と調整して完成させます。主な推進手順は次の通りです。

①市場調査：どのメーカーのどんな仕様のものが、よく購入されているか。どんな新しい要素を開発すれば、喜ばれるか。社会の変化と商品性はどうあるべきかなどの調査。

②商品調査：各社の商品の炊飯性能の比較試験。デザイン評価。コスト分析。

③法規調査：電気製品安全法、ＰＬ法など法律の改正状況確認。他社特許権、意匠権の調査。

④設計、試作：新機構、新ソフトなどを開発し、試作品にて確認試験。

⑤商品企画（案）作成：新しい技術の裏付をとった仕様、デザイン、コストを設定。全体推進のスケジュールと担当者を立案。

⑥設計および設計審査：試作確認した要素などを取り入れた信頼性設計をし、設計経験者の技術専門者集団による詳細審査を実施。

⑦商品評価、試作認定：試作品による試験結果を評価し、試作品としてすべての技術を確立。

⑧デザイン決定：デザイン評価と、量産性の確認を行い、最終の形状、色、素材などを決定。

⑨販促計画および販売計画決定：販売店にどのような展示をしてもらうか、どんなカタログを作るかなど、具体策を決定。

表-1　炊飯器仕様書(例)

型　名			PM-18WZY
炊飯容量(L)			1.8
消費電力(W)			1400
平均保温(W)			36
本体寸法:幅×奥行き×高さ(mm)			290×390×260
本体質量(Kg)			7.0
個装寸法:幅×奥行き×高さ(mm)			320×420×280
個装質量(Kg)			8.0
コード長(m)			1.0
おいしさ機能	炊飯方式		電磁誘導加熱方式(IH:Induction Heating)
	圧力可変コントロール		旨味をひき出す
	内なべ	製造方式	溶湯鍛造
		厚さ(mm)	7
		釜底加工(内側)	—
		釜底加工(外側)	ディンプル
	内ぶた	外観	ディンプル
		構造	着脱方式
	保温	熱封じ構造	熱反射ミラーシート、高断熱発砲 PP
		蒸気口	調圧蒸気ドーム
		保温ヒータ	ふたヒータ、フランジヒータ
		遠赤内鍋	パサつきを抑える
		保温コントロール	DSP
		保温時間	24 時間
	メニュー	炊飯コース	白米、無洗米、炊き込み、早炊き、玄米、発芽玄米、おかゆ、分付米、玄米かゆ、雑穀米
		健康コース	くろ豆ご飯、みどり豆ご飯
		炊きわけ	5 段階(甘み、柔らか、普通、しゃっきり、おこげ)
		下ごしらえ	肉料理
		健康豆ご飯	豆皮ガードフィルター付
		調理メニュー	焼き、蒸し、茹で、発酵
使いやすさ	内釜コーティング		特殊フッ素コーティング
	しゃもじ		しゃもじ立てつき
	保温経過時間		液晶表示
	予約メモリー数		2
	大きく見やすい液晶		バックカラーLCD
	丸洗い内蓋		着脱式
	丸洗い蒸気口		着脱式

⑩商品化決定：商品仕様および事業計画などすべての事項を決定。
⑪量産試作、認定：金型の製作、組立てラインの整備、品質保証のための試験装置などを準備し、ためしに数百台生産し商品品質を確認。
⑫量産：販売計画に合わせた生産。
⑬販売：販売計画にあわせ、販売会社に納品・販売。
⑭市場評価：お客様の使用による評価結果により、必要に応じて商品の改良。

■本物そっくり〝モックアップ〟

〝試作品〟とは、部品の一つ一つを手加工でつくり、プラモデルのように組み立てます。〝手づくり試作品〟ともいいます。〝試作品〟で、実際にさまざまな炊飯実験を行い、炊飯性能などを評価します。求める性能が出ない場合は、部品を手直ししふたたび試験検討します。

デザインを決めるまでには、〝モックアップ(注1)〟をつくって検討します。〝モックアップ〟は、完成品そっくりのサンプルです。木やプラスチックを手加工して、本物そっくりに色を塗ってあります。〝モックアップ〟は、形状の異なるものを数種類、色の異なるものを数種類製作して、比較評価します。

商品企画担当者および技術者とデザイナー、営業担当者などが議論検討し、最終形状が決まります。

めざす新商品は、市場にあるどの商品よりも〝おいしく炊けて〟、〝使いやすく〟、〝故障しない〟商品です。

（注1） モックアップ：mock up 実物大模型をつくる

参考資料

表Ⅰ-1 炊飯器仕様書（例）

参考文献

〈1〉 大西正幸他「家庭電気製品信頼性設計」東芝レビュー、29-12（1974）1063-1068

第五章　おこげがご馳走

「おかゆ」、「無洗米」、「おこげ」、なんでも炊ける

22

おかゆを食べていますか？

―多機能化の先がけ・おかゆ炊き―

■おかゆが自動で炊けた

「おかゆ（粥）」といえば、赤ん坊の離乳食か、病人食を思い浮かべてしまいます。

しかし、最近では飽食や過食の時代を経て健康食の時代となり、ダイエットをする人、からだを大事にする人は、おかゆを好んで食べます。

わが国では、むかしから「お腹の調子が悪いときには、おかゆを食べる」習慣があり、なべで炊きました。炊くときは、なべのそばについて中の様子を見ながら、時々すくって食べて炊き上がりを確認しました。

おかゆをじょうずに炊くコツは、米が大きく動かないように、沸騰させない範囲で緩やかに加熱することで

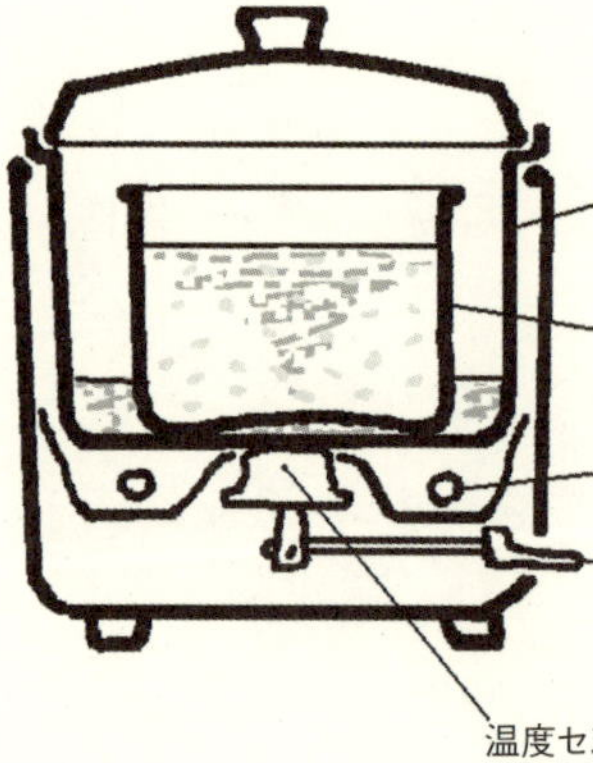

図-1 "おかゆさん"構造図

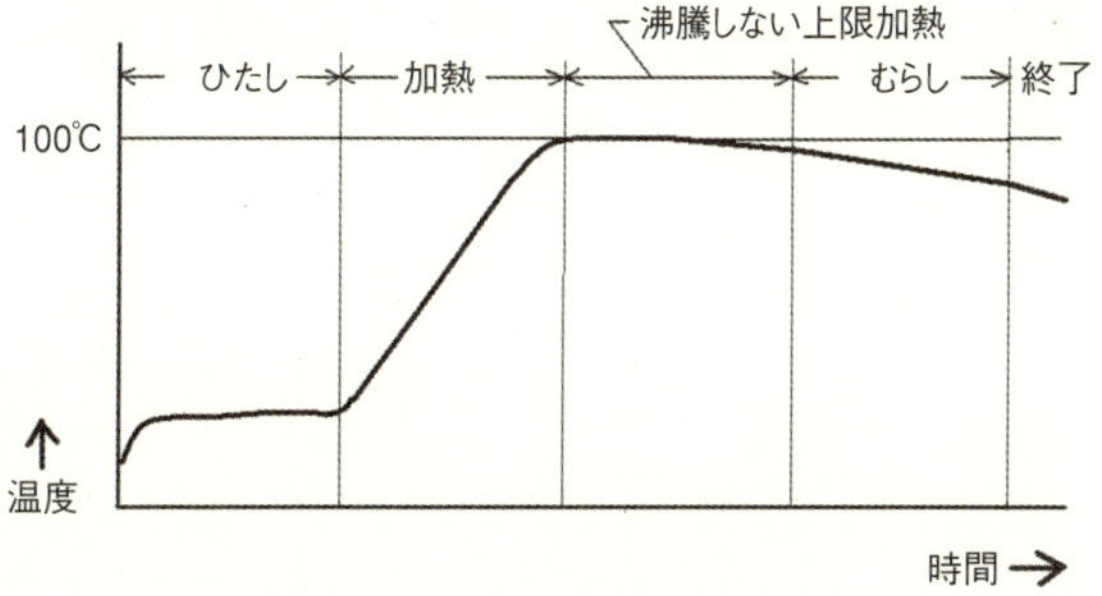

図-2　おかゆ炊き温度曲線

す。ご飯粒が崩れたおかゆはおいしくありません。炊き上がった後も、強く混ぜないように注意しましょう。

一九八〇年二月、東芝はわが国ではじめてタイマー不要の「おかゆが自動で炊ける電気釜〝おかゆさん〟」を発売しました。標準価格一二八〇〇円です。通常はご飯を炊く電気釜として使用します。おかゆを炊く場合、本来の内なべ（大）に内なべ（小）をいれてその間に少量の水を入れておきます。図に示すように、内なべ（大）と内なべ（小）の間にすき間があり、水がなくなると温度センサが働きヒータ加熱が停止します。水がタイマーの役をします。間接炊きと似ていますが、内なべ（大）と内なべ（小）の間にすき間があることが異なります。なべにつきっきりで、ふきこぼれなどに気を使わなくても自動で出来上がりますので手間暇が省けます。

その後、マイコン応用の多機能化が標準となりました。センサとタイマー機能の働きできめ細かいコントロールができるようになり、小さい内なべがなくてもおかゆが炊けるようになりました。今では、ほとんどの電気釜におかゆが炊ける機能があります。グラフで示すように、おかゆを炊くコースでは沸騰直後にすぐ入力を減少させ、米粒の対流が起こらないようにさらりと仕上げます。おかゆは出来上がると同時に食べるのがおいしく、時間がたつと糊状になりまずくなるので要注意です。

■おもゆはご飯粒を除いた液体

おかゆを硬さから分類すると、全がゆ、七分がゆ、五分がゆ、さらさらの三分がゆとなります。最後はおもゆ(重湯)です。正確には、「かゆ」はご飯粒で、「おもゆ」はご飯粒を除いた粘りのある液体をさします。〃おかゆさん〃で炊く場合、全がゆは、米一カップ(約一合)に水約六三〇ccです。以下、八一〇cc、一二三〇cc、三分がゆでは二〇〇〇ccと増えていきます。お茶碗に何杯あるのでしょうか? 全がゆで約四杯、以下六杯、九杯、一二杯です。土なべなどで炊くときは、全がゆで米一の容量に対し水五倍、七分がゆは六倍、五分がゆは七倍、三分がゆは八倍という説があります。しかし、厳密な決まりはないようです。重湯は、米一に対し水一〇の割合でいれ一時間ほど煮て、炊き上がると裏ごし器で自然にこして塩で味付けします。

■やわらかいまぜご飯のように食べる

おかゆといえば、一月七日に七草がゆを食べる習慣があります。七草とは、せり、なずな、ごぎょう(母子草)、はこべら、おおばこ(ほとけのざ)、すずな(かぶ)、すずしろ(大根)です。一般に、炊き上がったおかゆに、刻んだ七草をまぜるだけです。七草がゆは、おいしいというほどのものではなく、正月の食べすぎを押さえた胃にやさしい食べ物です。万病を防ぐともいわれています。

小豆《あずき》を加えて作ったかゆを「小豆がゆ」といい、農家ではこれを小正月の一月一五日に食べ、五穀《ごこく》豊穣《ほうじょう》と子孫繁栄《しそんはんえい》を祈る大切な日であったそうです。小豆以外に、米、麦、小麦、大豆、キビなども加えていました。その他に、卵がゆ、牛乳がゆ、芋がゆ、茶がゆなどがあります。

もともと健康な人がおかゆを食べる場合には、いくつかの具を用意し、あたかもやわらかいまぜご飯のように食べるのが通だそうです。

しかし、なんといってもあつあつの七分がゆの上に梅干をのせて、汗をかきながらふうふう食べるのが一番です。おかゆは、辛くてすっぱい梅干の香りとともに口からのどへ、のどから胃へとゆっくりと落ちていきます。たまにはおかゆを食べてみませんか。

参考文献

〈1〉「東芝の電気釜〝おかゆさん〟」電波新聞（1980・3・26）
〈2〉大西正幸他、実用新案公報「煮炊器」昭60-804 公告（1985・1・11）
〈3〉「家庭電気機器変遷史」家庭電気文化会（1999・9・20）9-10

23

手間が省けて普及が加速

―無洗米の秘密―

■ぬかでぬかを取る

ご飯をじょうずに炊くには〝炊飯に至るまでに七つの関門〟があります。それは、〝米の入手〟、〝貯蔵〟、〝精米〟、〝計量〟、〝洗米〟、〝加水〟、〝浸漬（浸し）〟ですが、ここにきて思いがけず、一つの大きな関門を省力できる米加工の新技術が開発されました。それは「無洗米《むせんまい》」です。

一九九一年、東洋精米機製作所がＢＧ精米製法で売り出しました。「ＢＧ」とは、Bran（ぬか）、Grind（削る、とぐ）の意味です。技術の詳細は公開していませんが、〝ぬかでぬかを取る〟ということです。当初は、外食産業や学校給食のように米を大量に使用するところに「作業の合理化」、「環境対策」といったかたちで売り込みをはじめました。その後、一般家庭向けに生協やスーパーマーケットなどで販売するようになりました。

主婦にとって〝洗米〟作業は、とくに冬場は「したくない作業」のひとつです。しかし、はじめて無洗米を売り出されたとき、人々は戸惑いました。有史以来、「米はていねいに何度も洗うものである」と身に染み付いていますので、この作業をしなくていいなんて……。一部マスコミでは、否定的な発言も報道されたことがあり、当初の出足はあまりよくありませんでした。

ところが、ためしに無洗米で炊いてみるとその便利さに驚きました。米はもちろん種類を選ばないし、なによりぬか成分が出ないので下水はもとより河川を汚しません。環境にやさしい米というわけです。「一度使いだすと、普通の米にもどれない」ということです。二〇〇一年度三六万トン、二〇〇三年度で五二・三万トンと勢いよく伸びています。

■異なる四つの製法

各社が参入し、今では主な製法が四つあります。

①ＢＧ精米製法：精白米表面に付着している肌ぬかに、肌ぬかを押しつけて取り去る。

②新精米仕上げ（特殊加工仕上げとも言う）：精白米に少量の水をかけて微粉ぬか層をやわら

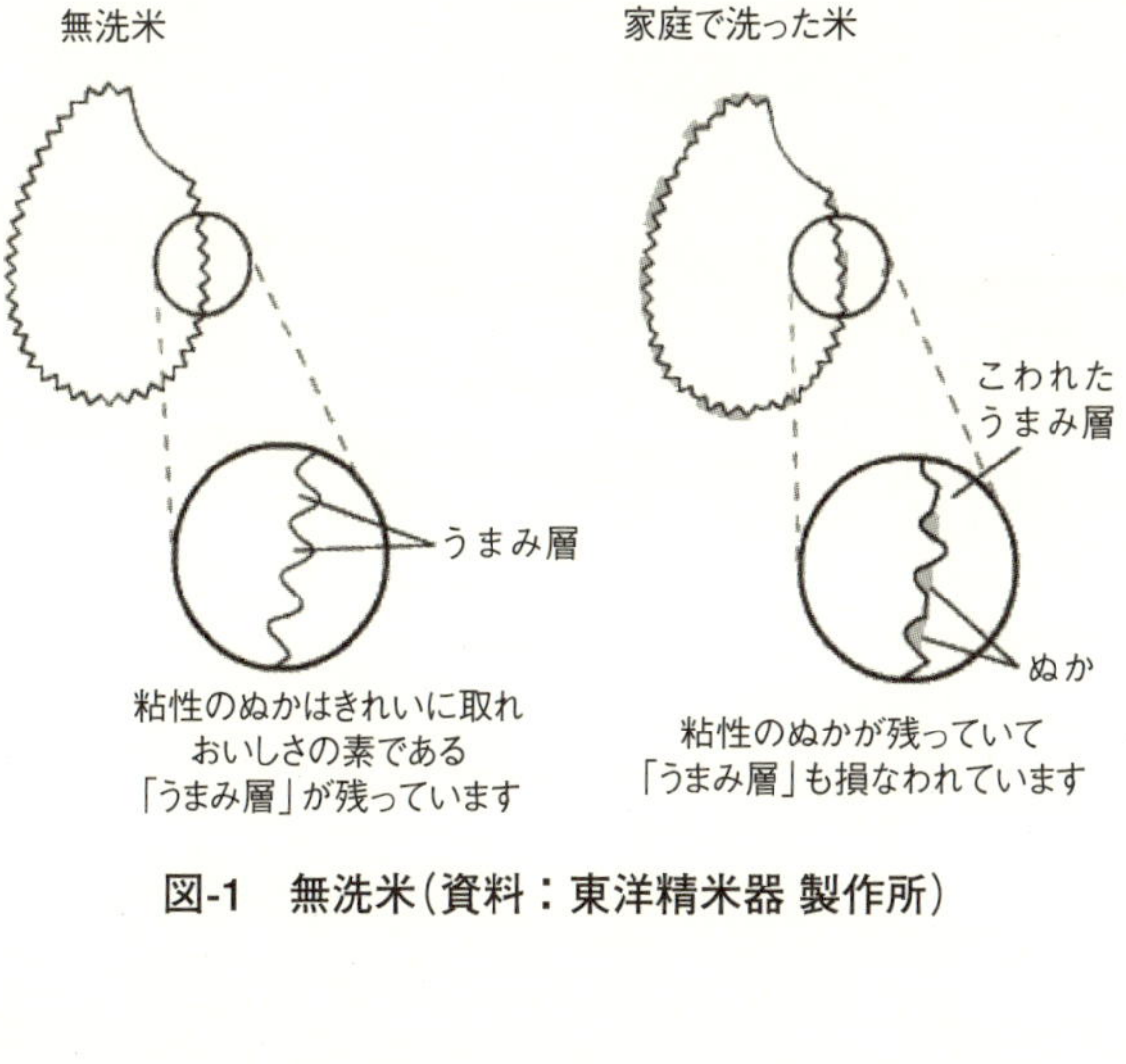
無洗米
家庭で洗った米
うまみ層
こわれた
うまみ層
ぬか
粘性のぬかはきれいに取れ
おいしさの素である
「うまみ層」が残っています
粘性のぬかが残っていて
「うまみ層」も損なわれています

図-1　無洗米（資料：東洋精米器 製作所）

かくし、熱付着材（タピオカ）でぬか層だけを取り除く。

③加水精米仕上げ（スーパージフライス）：少量の水を使って精白米の表面や溝に入っているぬかを瞬時に洗い落とし、温風で瞬時に乾燥させる。

④乾式研米仕上げ（ブラシ研米製法）：ブラシ埋め込み型のロールによって表面のぬかを取り去って無洗米にする。

情報誌「たしかな目（二〇〇二年七月号）」によれば、首都圏に住む主婦の約半数が無洗米を購入したことがあり、それでいてまだ洗う人が約六〇％いるということです。無洗米は、洗わなくてよいという手間なしがその特徴であり、ご飯としてのおいしさは普通の米と同じです。購入時の費用は少し高いのですが、水を使わないなどにより大差ないという意見もあります。

一方、無洗米の業界では日本精米工業会の「無洗米の製造に関する品質基準」と、全国無洗米協会の「無洗米規格」と二つの基準があります。二つの協会それぞれが、登録販売業者の申請を受け審査のうえ「認証マーク」を貼付けるか、または印刷しています。「たしかな目」では、消費者が混乱しないように、統一した品質基準や規格を作成するよう要望しています。

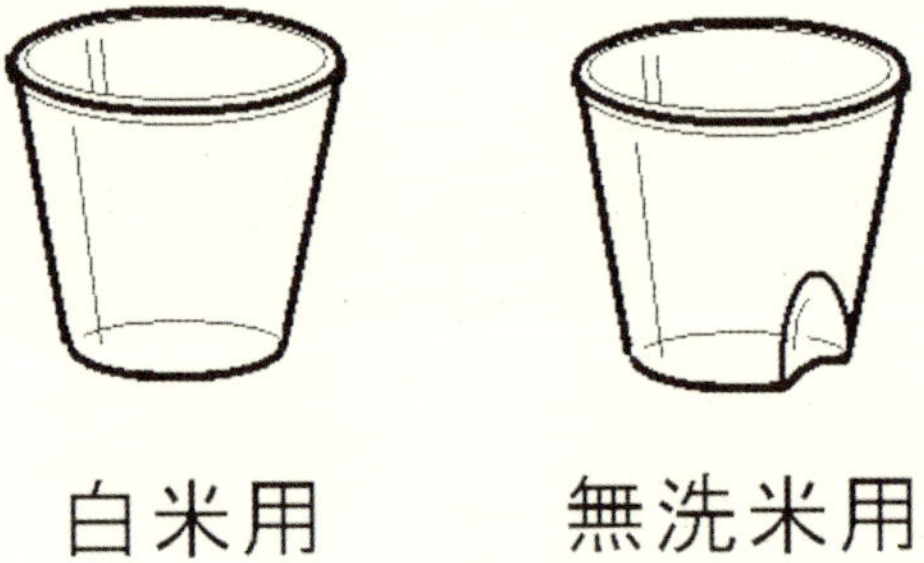

図-2　計量カップ

■専用水位線、それとも専用カップ

二〇〇〇年七月、日立がはじめて「無洗米コース」付ＩＨ釜を発売しました。翌年には、各社がいっせいに追随しました。無洗米は、同じカップでは少し多めに入り普通米より重くなります。その分、水を増す必要があります。市場の釜は、内なべに無洗米用の水位線を追加する方式と、水位線は変えずに無洗米専用カップ（一七〇mL（精白米一八〇mLに対し））を付属させる方式があります。間違えることがないように注意しましょう。

参考文献

〈1〉「無洗米の品質・安全衛生・環境性などを調べる」たしかな目、国民生活センター、192-7 (2002) 40-50

イラスト：柳田早映

24

なんでも炊ける調理器

―万能は便利ですか―

■ご飯を炊く道具です

電気釜（炊飯器）は、ご飯を炊く道具です。ところが、ご飯にもいろいろあります。最近では、ほとんどの電気釜で白米以外にも無洗米、玄米、発芽米、おかゆなどが炊けるようになっています。しかも、炊飯量の「多い」、「少ない」は当然のこととして、「やわらかめ」、「普通」、「かため」など自由に選ぶことができます。取扱説明書をみると「寿司飯」、「五目御飯」、「炊き込みご飯」、「黒豆ご飯」などが炊飯できます。さらに、専用の蒸し台が付属していて「蒸し料理」もできます。これらが可能になったのは、マイコンとセンサのおかげです。

『何でも調理できる電気釜がほしい！』という要望は、むかしからありました。

■分割なべの「万能電気釜」

一九五五（昭和三〇）年、自動式電気釜が販売されて以降、「ご飯をおいしく炊く」技術は日進月歩努力されてきました。その一方で、他の用途が可能かどうかの試行錯誤がありました。

一九六五（昭和四〇）年には、東芝が「万能電気釜」という商品を販売しました。炊飯はもちろんできますが、温度を七〇～二〇〇℃まで自由に設定でき、その温度を保つことができます。現代流に言えば、スロークッカー、電気なべ、電気オーブンを兼ね備えたような調理器です。このときのお勧め調理は、温度を七〇～八〇℃では温泉卵、八〇～一〇〇℃ではおでん、カレー、カスタードプリン。一〇〇～一二〇℃では煮豆、茶碗蒸し、ジャムなどです。一八〇～二〇〇℃ではスポンジケーキ、シュークリーム、焼き芋、焼きりんご、ローストチキンまで可能でした。

また同年に、ガラスふた付の電気釜も売り出しましたが、驚いたことに上からみて半円形や扇型の内なべを使っていま

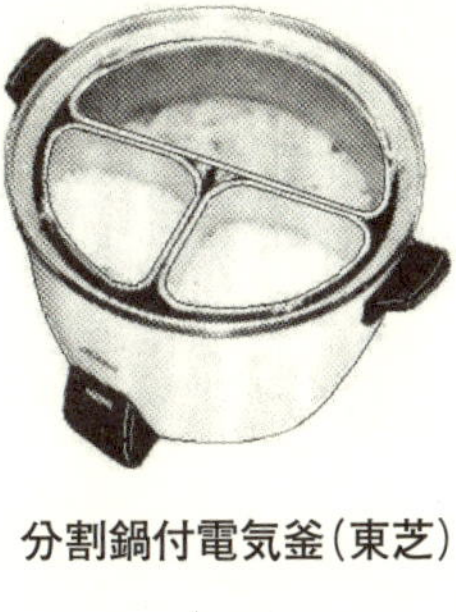
みそ汁や
お粥《かゆ》なども
ごはんと一緒に
調理できる
便利な
電気釜。
■分割鍋付電気釜発売。
昭和38年

図-1　分割鍋付電気釜（東芝）

した。これを「分割（ぶんかつ）なべ」といいます。ひとつはごはん、他はおかずを同時に炊き上げました。『ごはんの炊け具合、お料理のでき具合が一目でわかる』というのがキャッチフレーズです。

なんと、三分割、四分割の内なべが別売りで用意されていました。

図-2　分割なべ（東芝カタログ）

■ご飯を炊かない「調理器」

時は流れ二〇〇三年頃から、温度帯を分けて煮込み調理や温泉卵、ヨーグルトなどの調理ができるジャー炊飯器（保温釜）が販売されました。マイコンとセンサが組み込まれた炊飯器は、温度コントロールが自在にできます。

二〇〇五（平成一七）年、三菱電機が調理専用の「調理器」を発売しました。外観は、炊飯器とよく似ていますがビーフシチューはもちろん、各種スープ、蒸し料理、煮豆、ケーキ類まで調理メニューは多彩です。

最近、炊飯器でご飯を炊きながら、おかずも炊くのが流行っています。だれが名付けたか「パッククッキング」と呼んでいます。ポリ袋に食材と調味料を入れて、ご飯の上にぽんと置くだけで、同時に炊き上がります。真空調理の家庭版といわれています。きっかけは、忙しい主婦が時間を合理的に使おうという発想から生まれたもので、既存の炊飯器の変わった使い方の提案です。少量しかできませんが、忙しい人にはそれなりに便利なようです。

専用の「調理器」はともかく、ジャー炊飯器で別の調理をする場合、中のご飯を取り出さなくてはできません。保温中のご飯を調理のたびに取り出すのも不便です。炊飯器は、やはりご飯を炊く道具なのです。

参考文献

〈1〉「おいしいごはんの本」東芝（1979・8）13

25 おこげがご馳走
―世界に広がる電気釜―

■輸出は香港から

一九五五（昭和三〇）年、はじめての自動式電気釜は「間接炊き」と呼び、内なべと外釜の間に少量の水を入れて炊く方式でした。炊き上がって水がなくなると、内なべの底の温度が急激に上がります。これを、センサが感知しスイッチを切る方式です。三年後の一九五八（昭和三三）年、はやくも東芝は海外に輸出を始めました。次のような新聞広告を出しています。「デンキカマオクレ―アメリカ在留邦人―　在留邦人や、外国人の方からも、遠く海を越えて、「電気釜送れ」の注文やら引き合いが殺到して、東芝ではうれしい悲鳴をあげています（深川秀雄『キャッチフレーズの戦後史』より）」

一九五六（昭和三一）年、松下電器が「直接炊き」の自動炊飯器を販売しました。ヒータを埋め込んだ熱板の上に内なべを直接置いて加熱する方式です。

一九六〇（昭和三五）年、松下電器は香港の代理店である信興グループの蒙民偉（モン・マンワイ）に炊飯器一〇〇台を輸出しました。後に世界中の華僑などに、累計八〇〇万台も売ることになったその第一歩です。

■ジャポニカ米とインディカ米

今、世界で栽培されているお米を大別すると、ジャポニカ(日本型)米とインディカ(インド型)米に分類されます。ジャポニカ米は、私たちが毎日食べているお米で、日本以外では中国の一部と朝鮮半島、アメリカなどで栽培されています。インディカ米は、インドを中心に各国に広まりました。いまでは、世界のお米の総生産量の約九割がインディカ米で、主に中国、インド、インドネシアなどのアジア各国で作られ、主食として食べられています。また、主食ではありませんが、ヨーロッパ、南アメリカなどで食べられているお米もこのインディカ米です。

ジャポニカ米と同時期にインディカ米も日本に伝来しましたが、日本人はジャポニカ米を好みました。お米には味付けをせず、炊いてそのまま食べるようになりました。そのため、おかずとご飯を分ける食文化が生まれました。一方、インディカ米を食べている地域では、舌触りがパサパサしているためか、そのまま食べず、カレーと合わせたり、炒めたりと味付けをして食べることが多いようです。なお、ジャポニカ米とインディカ米の中間ぐらいの長さの米があり

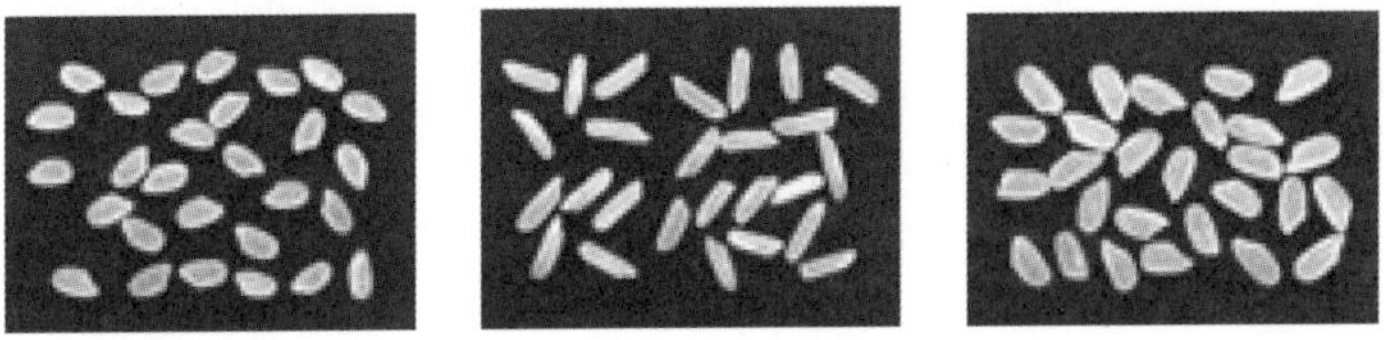

ジャポニカ米　　インディカ米　　ジャバニカ米

図-1　米の種類別形状

ます。ジャバニカ（ジャワ型）米とよび、主にアジア熱帯高地や、アメリカ、ブラジル、イタリアなどで栽培されています。

海外向けの炊飯器は、これら各国の米と食生活にあった仕様・性能が求められてきました。

■狐色した〝ご飯のケーキ〟

香港では、中華ソーセージや干物などの混ぜご飯が好まれています。タイ米は沸騰してきたら頃合いをみてふたを開け、ご飯の上に具をのせて炊き上げます。そこで、ふたを開けるタイミングをみるためにガラス窓が必要です。さらに、取っ手はガラス窓の邪魔にならないように、アーチ型のものを取り付けています。

イランでは、おこげがご馳走です。したがって、イラン米の炊き上がる温度設定を高めにしてあります。ご飯を炊くときは、油かバターを混ぜ込みます。香ばしい臭いがしてスイッチが切れると、内なべを取り出し逆さまにして大きなお皿に、全部ばさっと取り出します。コゲコゲの、狐色した〝ご飯のケーキ〟が出来上がります。まず、家長がおいしいおこげを食べ、最後の人にはおこげが残っていません。

図-2　天窓付炊飯器（輸出用）
（写真：松下電器HP）

マレーシアには、ナシレマというお米料理があります。インディカ米にココナツミルクやスパイスを加えて炊いたもので、マレーシアではナシレマを作るスイッチがついている炊飯器があるそうです。お米を入れ、水のかわりにココナツミルクを入れて炊くだけで、伝統《でんとう》料理が簡単に作れるというわけです。

当初、日本からこれら各国への輸出をはじめましたが、そのうち現地で生産する量が増えてきました。さらに、九〇年代の後半には中国企業などが生産を始め、総生産量は拡大の一途です。わが国（現地法人を含め）からの供給は、今も年間約一〇〇万台続いています。ところで、全世界の炊飯器の需要は、なんと年間約四二五〇万台と推定されています。

参考文献

〈1〉　中野嘉子他「同じ釜の飯」平凡社（2005・1・11）
〈2〉　横尾政雄他「米のはなし」技報堂出版（1997・4・25）

4 ディンプル

炊飯器売り場で、ふたを開けてみるとほとんどの商品が、内ぶた部に丸い凹凸が多数デザインされています。また、内なべを持ち上げてみると、外側にやはり丸か、ややだ円に近い凹部が連続して形づくっています。これをディンプルと呼んでいます。

一九九六年の秋に、次年度の新製品構想を練っていました。内なべは、一九九四年から販売している鍛造厚なべが好評でしたので、内ぶたも厚くして炊飯効果としてアピールしたいと考えました。

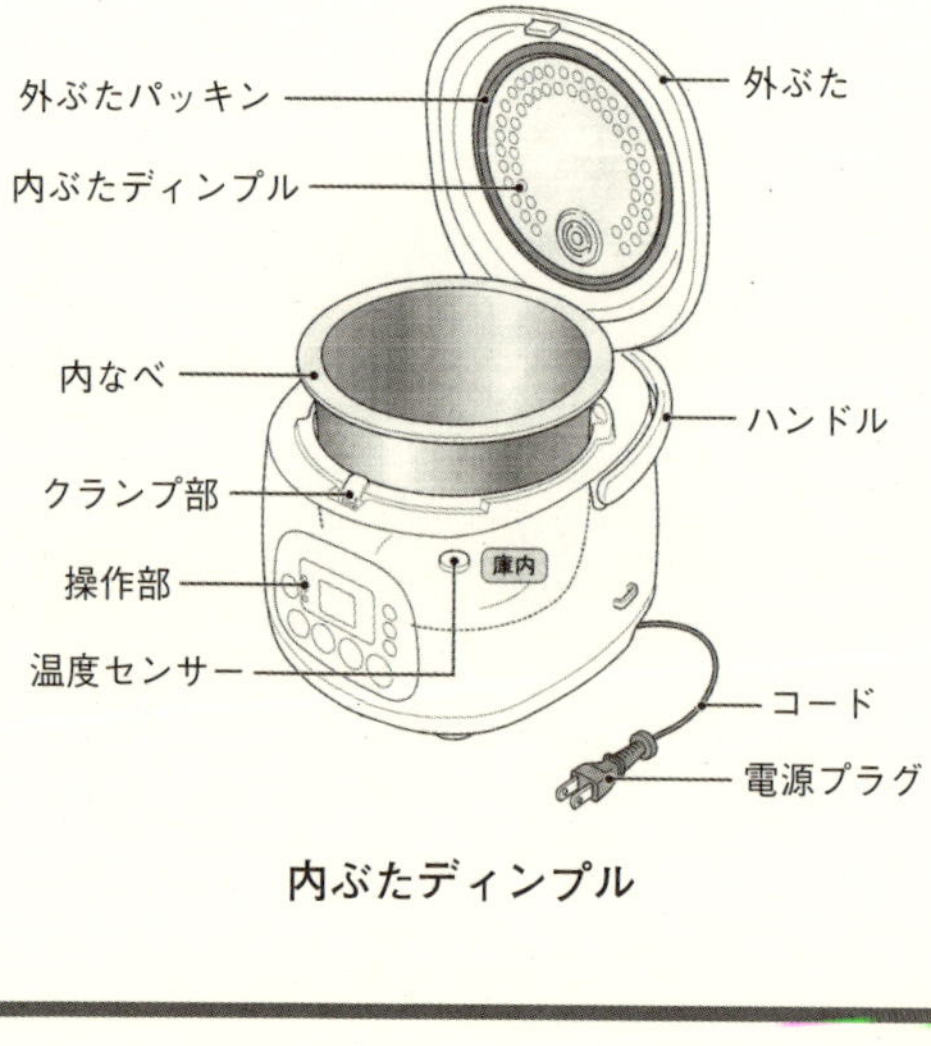

内ぶたディンプル

そこで、ふたの厚さが見えるようにし、なおかつ遠赤外線の効果を増すようなアイデアとして〝ディンプル〟模様を考案しました。

一九九七年に販売し好評でしたが、一年後にはほとんどの各社新製品がディンプル模様をつけてきました。すべて、ふたに厚みがないプレス加工（〇・三～〇・五㎜の薄い板状）の内ぶたでした。今では、ディンプルは単にデザインの一部として扱われています（図参照）。

［ディンプル：dimple　えくぼ、さざなみ］

第六章　ＩＨ釜の時代

「クラッドなべ」、「溶湯鍛造なべ」、「土なべ」、その次は

26

ＩＨ釜、開発競争の時代

―電気釜の種類と特徴　その三（一九八八〜）―

■〈五万円〉の電気釜は買う値打ちがある？

一九八八年九月、松下電器からＩＨ（Induction Heating：電磁誘導加熱式）釜が発売されました。保温機能付きで二万円台が主流の時代に、約二倍の五万円台で売り出されました。広告では「昔のかまどで炊いたような、香りのよいご飯が炊き上がります」とＰＲしました。これには、驚きの声が上がりました。

当時、暮らしの手帳（一九八九年二・三月号）の記事には次のような文があります。『〈五万円〉の電気釜は買う値打ちがあるか――近頃は、目をむくような高額商品ばやりというが、それにしても、ご飯を炊くだけの道具にしては、びっくりするような値段である』。同誌の試験結果として『結局、これまでの炊飯器と大きく違うのは、第一に値段、第二に重さで、あとは味をはじめとして、とくに優れているともいえなかった』と結論付けました。

また、月間消費者（一九八九年三月号）の記事では、次のように評価しています。

『一風変わった炊飯器――これだけ高額で、新加熱方式なのだから、標準価格米もおいしく炊けるかと期待したが、他の炊飯器並みで、さほどおいしくはなかった。……電磁加熱という目新しさと高額化で、従来との差別化を図ったものにすぎない』と評価しました。比較テストの結果、ご飯のおいしさにおいて従来品と大差なかったようです。

■電磁調理器の応用

ＩＨ釜の基本原理は、電磁調理器の応用です。電磁調理器は、一九七一年アメリカのウエスティングハウス社が世界ではじめて開発しました。電磁調理器は、原理図（**図－1**参照）に示すようにフラットな耐熱ガラスの上に鉄またはステンレスの平らななべを載せ、下部にあるコイルに高周波電流（二〇～五〇ｋHz）を流します。すると、なべにうず電流が流れ、なべの材料が持つ抵抗によりなべ自体が発熱します。制御回路で、五〇～一四〇〇ｗの入力調節を連続的に行うことができます。一九七四年には、早くも日本に取り入れられて、一九八四年頃には年間五〇万台に達しました。しかし、使うなべに制約があり減少を続け、最近（二〇〇五年度）は年間十数万台になりました。

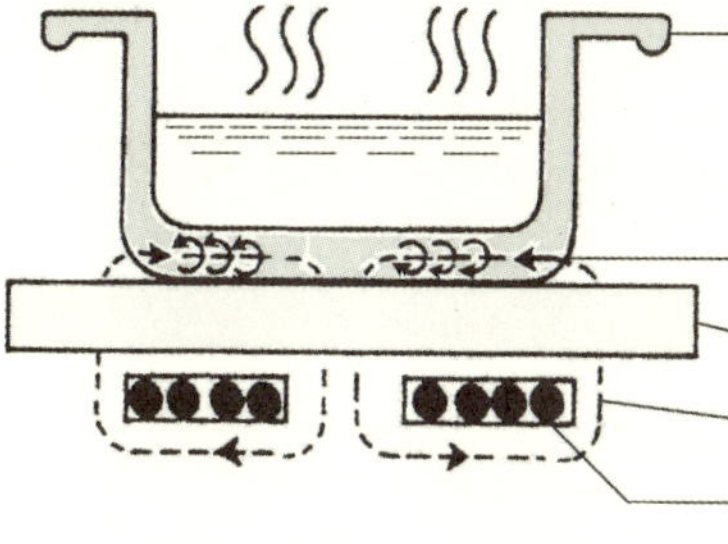

図-1　電磁調理器原理図（資料：電磁調理器テキスト、日本電機工業会）

しかし、同じ原理を応用したＩＨクッキングヒータはオール電化住宅の普及とともに順調に伸び続けています。二〇〇六年度の販売予測は約八〇万台に達する予定です。ＩＨクッキングヒータは、二〇〇V仕様でガスより強力な最大三kwの高火力です。また、鉄系以外のアルミなべも使えるオールメタル対応の商品も発売されました。

ＩＨ釜は、**図-2**に示すように内なべに沿ってコイルを巻き、角の曲面部分まで発熱するのでなべの中の水(湯になる)が内なべの内壁に沿って強く上昇し、水面では外周から中心部に吸い込まれる大きなうずを発生させます。これにより内なべ全体が均一加熱されます。ＩＨ釜が市民権を得るまでに、各社の熾烈な開発競争が行われました。

■おいしいご飯が炊ける

売り出した当初、暮らしの手帳や月間消費者のテストで『値段は高いが、味をはじめとしてとくに優れていないＩＨ釜』と酷評されました。しかし、十数年の開発競争の結果、Ｉ

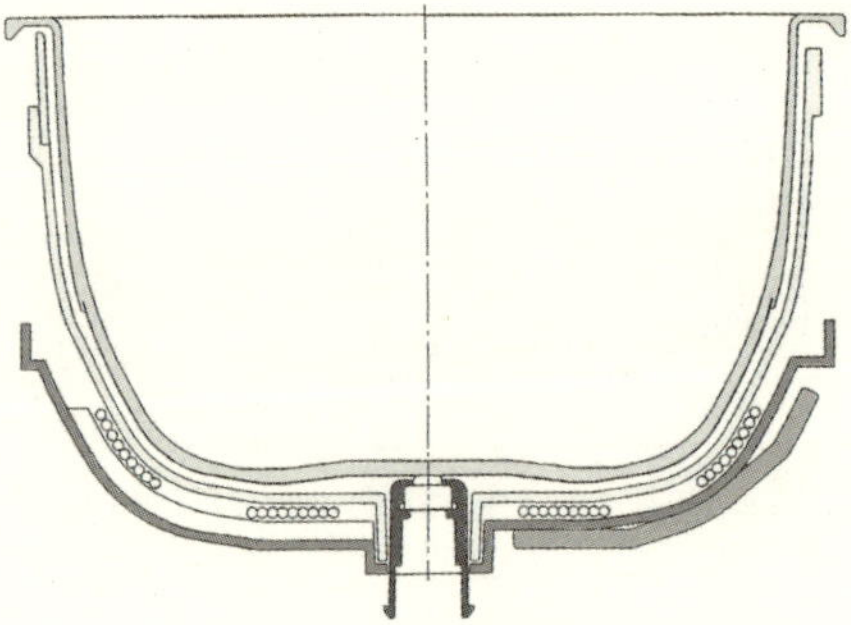

図-2　IH釜 構造図

H釜は『おいしいご飯が炊ける』実力をつけました。

ＩＨ釜の普及は、一九九二年に総需要約六〇〇万台の中の一〇％を越え、一二年後の二〇〇〇年には五〇％を越えました。今では、年間約三二〇万台も売れる商品に成長しました。

ＩＨ釜で炊くご飯がおいしい理由は、次の四つの技術です。①電気容量を目一杯大きく出来たこと。約一四〇〇ｗまで拡大しました。火力が大きくなるほど、おいしく炊けます。一般釜（ニクロムヒータタイプ）では、八〇〇ｗ程度が限界でした。それ以上電気容量を大きくすると、熱板が異常過熱しアルミを溶かします。②内なべの形状が工夫され、大きな椀形状に加工できるようになりました。コイルの位置も内なべの湾曲に沿って側部まで配置でき、湯の循環がよくなりました。③内なべの板厚を厚くでき、熱容量が大きくなりました。④ＩＨ加熱は、ヒータタイプよりも微小コントロールが出来ます。これにより、目的にあった温度コントロールが自在となりました。

時はめぐり、二〇〇六年には約一〇万円の炊飯器が発売されました。次々と新しい素材や、機能が開発されています。値段が少々高くても、味がよければ納得できる時代となりました。

参考文献

〈1〉「〈五万円〉の電気釜は買う値打ちがない」暮らしの手帳、18-2・3（1989）42-43
〈2〉「一風変わった炊飯器」月刊消費者、3（1989）16-18
〈3〉日本電機工業会、電磁調理器テキスト、3（1989）5-9

27

おいしさの鍵を握るアルミ合金

―内なべ開発競争　その一―

■〝パワー素子《そし》〟と、〝クラッド材〟の採用

一九八八年九月、松下電器がはじめてIH釜を発売しました。その当時、すでに市場に売られていた電磁調理器を炊飯に応用しましたが、二つの大きな技術開発によりそれが可能となりました。

ひとつは、パワー素子IGBT(注1)の採用と、もうひとつは、内なべにクラッド材(注2)を採用したことです。前者は、誘導加熱回路の小型化、軽量化、低コスト化を実現したことによりこの開発に貢献しました。後者は、これまでの鉄やステンレス鋼、ホウロウなどではなく、ステンレス鋼とアルミニウム合金(アルミ合金)を合わせたクラッド材により、熱伝達の効率を上げました。

クラッド材の特性で重要なことは、内なべの形状にするための深絞り加工などのきびしい変形加工を受けても、二つの材料が剥離《はくり》しないことです。さらに、一日三回の炊飯をどんなに繰り返しても、剥離しないという実験データによる品質保証ができました。

このような〝パワー素子〟と、〝クラッド材〟の採用により、〝おいしいご飯を炊く〟IH釜が誕生しました。

■ステンレス鋼はヒータ、アルミ合金は熱伝達

松下電器がＩＨ釜の研究を始めた頃、当時の電磁調理器では鉄やステンレス鋼のなべを使っていました。ところが、これらの材料で炊飯してみると、あまりおいしく炊けません。もっと炊飯効率のよい素材がないかと探したところ、米国製のクラッド材に出会いました。この材料は、ステンレス鋼とアルミ合金を接合した複合材でした。この板で、ステンレス鋼が外側になるようにプレス加工して内なべの形状をつくりました。ＩＨ加熱を行うと、導体（この場合は鉄系のなべをさす）にうず電流が生じて、ステンレス鋼の電気抵抗によりなべそのものが発熱し、熱エネルギーはアルミ合金に伝わります。アルミ合金は、ステンレス鋼の八・五倍以上の熱伝導率があり、すばやく熱エネルギーを拡散し水や米に伝えることができます。炊飯試験を行ったところ、クラッド材の内なべが最もおいしく炊けました。熱エネルギーをなべ内の水や米に早く伝えることが、ご飯をおいしく炊く秘訣であることがわかりました。ステンレス鋼はヒータの役割をし、アルミ合金が素早い熱伝達を行い、合わせてすぐれた炊飯工程に至ることがわかりました。

■クラッド材は、ＩＨ加熱でつくられる

ところが、当時日本ではクラッド材が入手できませんでした。いろいろ探していたところ、ちょうど日本ステンレス（当時）がクラッド材の開発をはじめており、協力を得ることができました。双方で試行錯誤を繰り返し、ようやく量産化にこぎつけました。

いくつかの製造方法で、もっとも量産化されているのは〝冷間圧延法〟です。現在、ＩＨ釜に多く採用されているという住友金属工業の製造方法では、ステンレス鋼を高周波加熱（ＩＨ方式）で高温に加熱し、アルミ合金の板に高圧をかけ、もう一度高周波加熱を行うということです。このように、ＩＨ炊飯器の内なべ用の材料であるクラッド材は、ＩＨの加熱力で作られたという不思議な因縁がありました。また、他の接合方法としては、爆着接合、摩擦接合、拡散接合などがあり、それぞれ目的に応じた実用化がなされています。

アルミ合金は、温度変化に対しステンレス鋼の二倍の熱膨張係数を持っています。したがって理論的には、このように収縮率の異なる金属同士は接合できません。これを物理的に分子単位で接合させることにより、分離を防ぐことができました。これを、材料工学の世界では〝異種金属の物理的接合〟と呼びます。

クラッド材は、ステンレス鋼と、アルミ合金以外にも目的に応じたいろいろな金属材料を接合した応用商品が開発されています。またその後、クラッド材以外にもＩＨジャー炊飯器用の内なべを

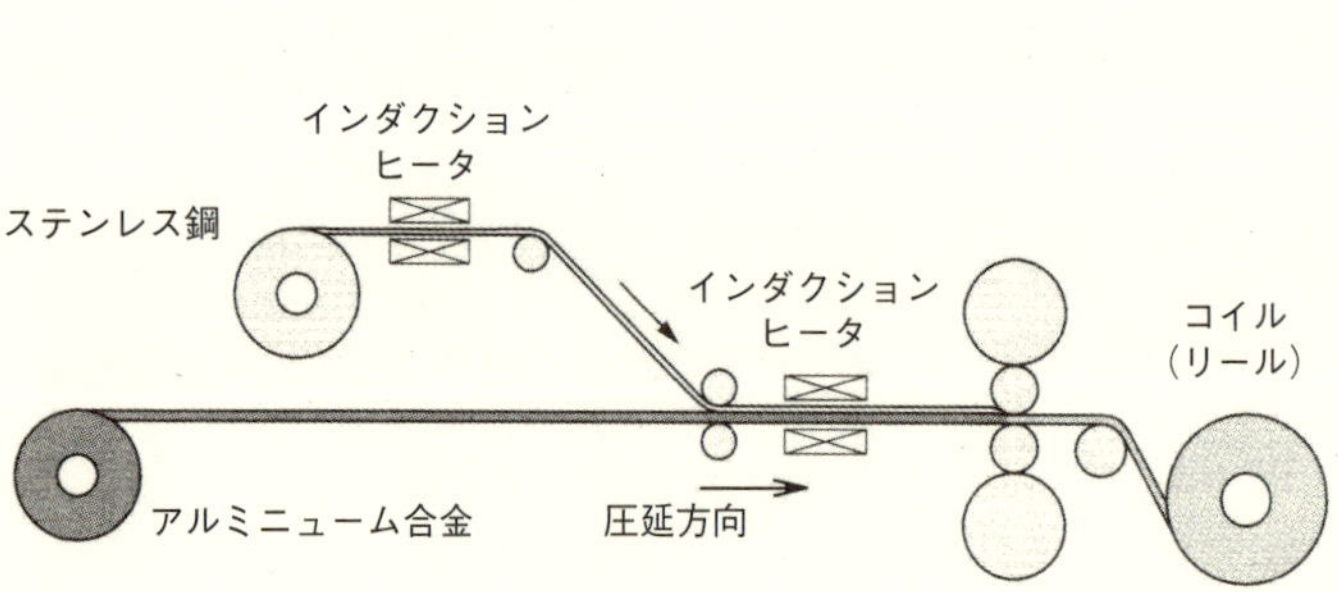

図-1　クラッドコイルの製造ライン（資料：住友金属工業）

製造する方法が次つぎに開発されています。

（注1）IGBT：Insulated Gate Bipolar Transistor
（注2）クラッド材：Clad Metals　異種金属を物理的に接合した複合材

参考文献

〈1〉大森英樹他「IHジャー炊飯器」ナショナルテクニカルレポート、松下電器、35-5(1989)4-9
〈2〉大橋秀行「IHジャー炊飯器用『ステンレス／アルミニウムクラッド製鍋』の完成まで」ステンレス協会 39-6(1995)14-16
〈3〉大谷泰夫「ご飯が美味しいIHジャー炊飯器」住友金属工業(2002)

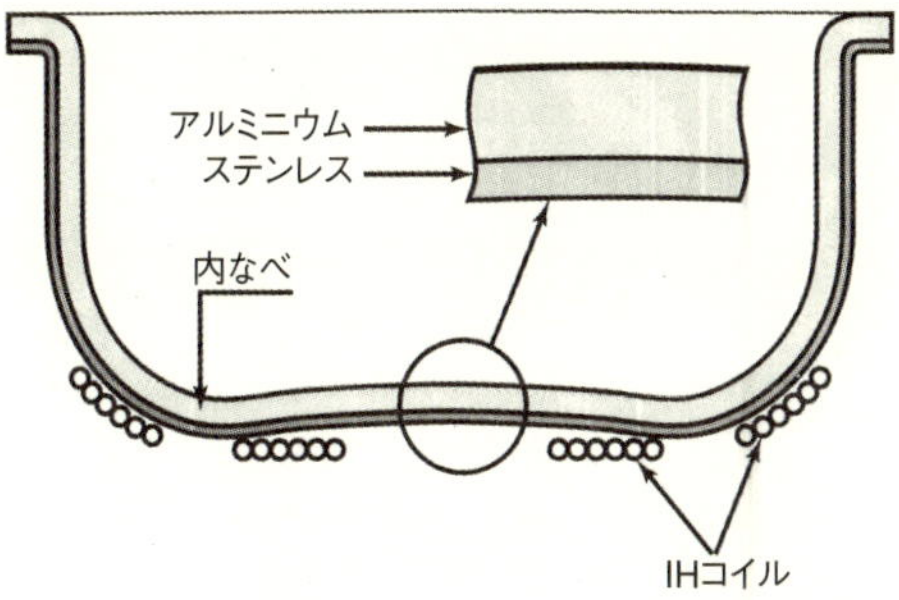

図-2　内なべ断面模式図（資料：住友金属工業）

28

おいしさは椀形状と厚さです

―内なべ開発競争　その二―

■クラッド材は厚さに限界

ＩＨ釜が出始めたころ、暮らしの手帳や月間消費者のテストでは〝ご飯のおいしさにおいて従来品と大差が無い〟と酷評されました。しかし、各社が参入するにしたがって、工夫と改良が進みご飯のおいしさが向上しました。

おいしく炊けるＩＨ釜は、次の四項目が重要です。① 加熱量（電気容量）が大きい。② 内なべが椀形状である。その形状に合わせて加熱部を底部、角部から側部にも広がっている。③ 内なべの、とくに加熱部の板厚が厚く熱容量が大きい。④ 目的にあった加熱コントロールができている。そのうちの大きなポイントは、② 内なべの形状と、③ 厚さでした。

ＩＨ釜を発売して以来、業界では内なべをクラッド材（clad metals）で成型してきました。クラッド材とは、異種金属を合わせて一枚の板に圧延した複合材です。ＩＨ釜の内なべに使うクラッド材は、ステンレス（SUS430系）鋼板とアルミニウム（Al）合金を合わせてあります。

クラッド材の製法は、冷間圧延圧接法によりステンレス鋼板とアルミニウム合金の界面（表面）を適度に粗し、活性化した状態で重ねて圧延します。次工程で拡散加熱を連続的の行い、界面に相互拡散層を形成し金属的に完全結合します。IH内なべは外側にステンレス鋼板を、内側にアルミニウム合金を配置します。外側のステンレス鋼板は、プレス加工時に縦の絞り傷ができるため、バフ仕上げにより傷を消します。バフ仕上げとは、金属表面をきれいにする加工法で、バフ磨きともいわれます。布、皮、ゴムなど柔軟性のある素材でできた軟らかいバフに、砥粒を付着させ、このバフを回転させながら工作物に押し当てて表面を磨く加工です。したがって、必然的に外観はピカピカの光沢に仕上がります。

内なべは、板状のクラッド材を円盤状にくりぬいてプレス加工し、深絞りにより内なべ形状に加工します。プレス加工の深絞りにおいては、どうしても円筒に近い形状になります。また、厚さにおいても限界がありしばらくの間は二・一㎜が業界標準でした。

■形状と厚さは、自由に成型

一九九四年、東芝が発売したＩＨ釜「溶湯鍛造《ようとうたんぞう》厚なべ」は、それまでの常識を覆す製造方法でした。この新しい製法により、内なべの形状と厚さを自由に成型できるようになりました。

図Ⅰ-1に溶湯鍛造厚なべの製造方法を示します。この加工法は円盤状のステンレスの内面を特殊加工で粗し、高温（約七五〇℃）に溶かしたアルミ（溶湯）合金をその上から流し込み、約五〇〇トンの高圧により上型で圧力をかけながら成型と同時に凝固《ぎょうこ》させて内なべを形づくるのです。内なべの

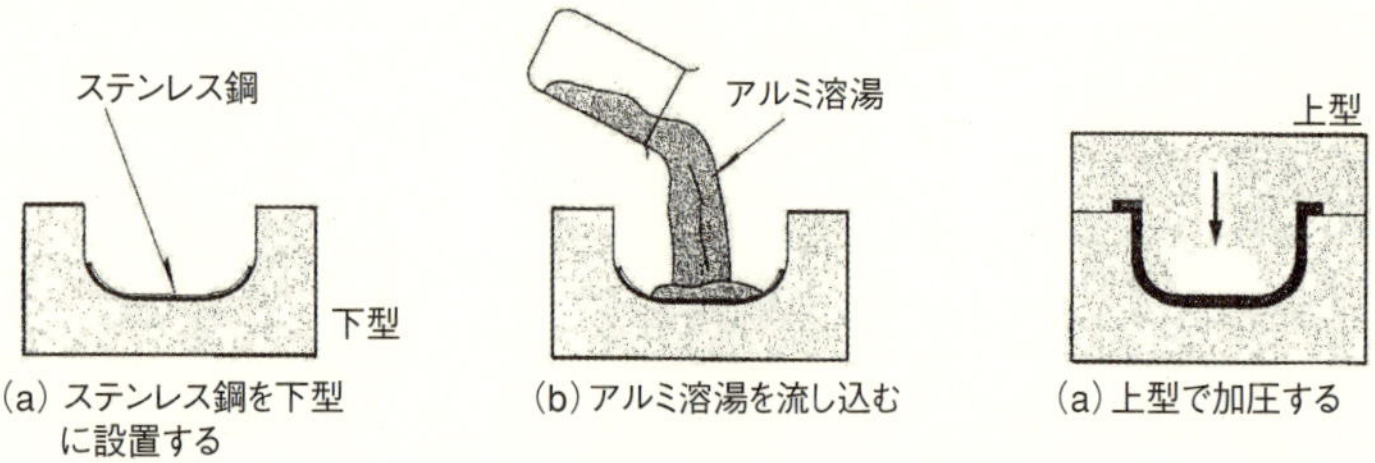

図-1　溶湯鍛造厚鍋の製造方法（資料：東芝）

形状と厚さは、自由に成型できます。電磁コイルのある底部分のみ、ステンレス鋼板が入れ込んであります。

この製法により、おいしいご飯を炊くための理想の形状……厚めの椀形状に成型できました。

椀形状は、古来かまど時代の羽釜を参考に形づくり、厚さは必要に応じて三〜七㎜と分厚く成型しました。この内なべで炊飯すると、**図-2**（右）のように加熱された水（湯になる）は、内壁に沿って上昇し、上部中央より吸い込まれイラストの矢印のように大きく循環《じゅんかん》します。湯は、米粒の間を通り抜けます（米は動きません）。この湯の動きにより、ご飯全体がすばやく均一においしく炊けます。

図-2（左）のように内なべの形状が円筒に近いと、この循環がスムーズにいきません。また、板厚が薄いと熱の追従も弱くなります。すると、均一に炊けません。

■内なべ開発競争に突入

この椀形状の厚なべを採用したＩＨ釜は、当時の暮らしの手帳〟ＩＨ炊飯器をテストする〟および月間消費者の〝電気ジャー炊飯器〟

でトップ評価を受けました。

これ以降、各社はクラッド材の板厚を増し、プレス加工に工夫を凝らして内なべ形状を少しでも椀形状に近づける努力を重ねています。クラッド材で最も厚い内なべは、三・五㎜です（二〇〇五年七月現在）。

また、最近では表面に銅メッキ、セラミック溶射、さらには底にディンプル加工を加えるなど工夫を凝らしています。見た目のデザインを含めて表面処理競争の時代に突入しました。これらが相乗的な効果を生んで、市場のＩＨ釜はさらにおいしさを向上させているといえましょう。

参考文献

〈1〉「ＩＨ炊飯器をテストする」暮らしの手帳（1994）54-64

〈2〉「東芝、溶湯鍛造内鍋を採用したＩＨ炊飯器を発売」日経メカニカル（1994・10・17）10-11

〈3〉杉原勝宣、高木章次「鍛造厚鍋採用ＩＨ保温釜の開発」電機 567-10（1995）28-31

〈4〉「ジャー炊飯器　8銘柄をテスト」月刊消費者、10（1998）4-19

〈5〉大西正幸他「誘導加熱式炊飯器の最適内鍋形状」高温学会誌、29-2（2003）63-67

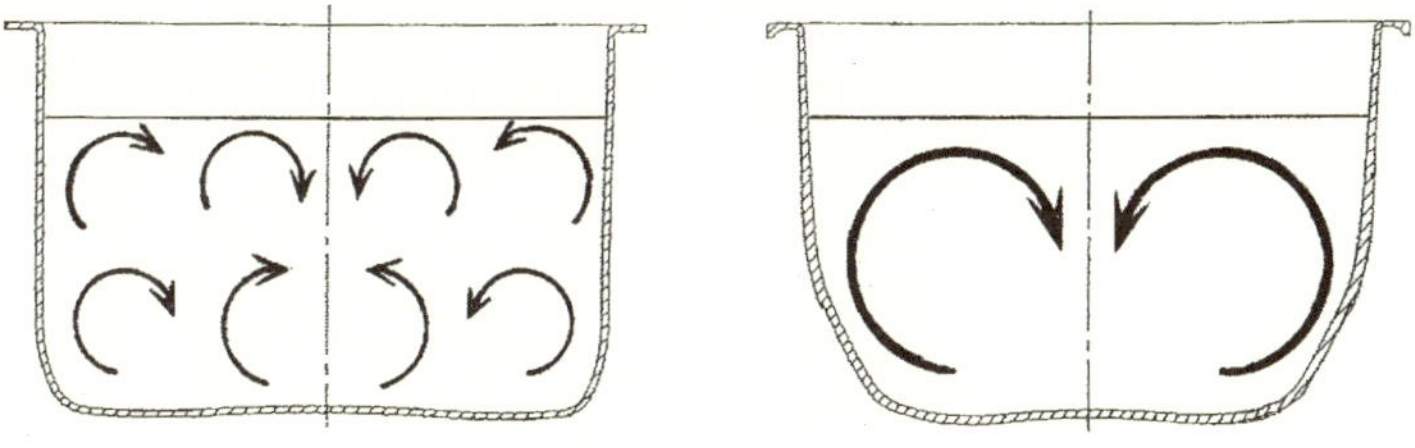

図-2　湯の循環

コーヒーブレイク

⑤ちゃぶ台のはなし

ちゃぶ台は、地域によってはシッポク台とも呼び、座って家族で食事するダイニングテーブルです。この食事形式がはじまったのは明治になってからで、全国に普及したのは昭和に入ってからです。それまでは、箱膳など銘々膳でたべていました。一つの食卓を全員で囲むということは、平等な人間関係が基本です。ところが、江戸時代までの日本は厳しい身分制度により縛られていたため、そういうことはできませんでした。明治になり、四民平等となった所へ西洋からテーブルというものが入ってきたことで、初めて一つの食卓を囲むということが可能となりました。これがちゃぶ台の始まりです。

ちゃぶ台は、「卓袱台」と書きます。

語源① テーブルを囲む中国料理を「卓袱（しっぽく）」と呼びました。卓袱料理に使うテーブルを「卓袱卓」と書いてシッポクダイと呼ぶようになりました。江戸時代に長

崎から広がったと考えられています。

語源②「卓袱」は、中国語の発音が「cho-fu（チャフ）」です。「卓袱（ちゃふ）」は、じつはテーブルかけのことですが、テーブルを囲む台、すなわち「卓袱（ちゃふ）の台」となって「卓袱台（チャブダイ）」と呼んだのです。

「ちゃぶ台」は明治以降に関東からはじまり、名古屋、大阪へと広まったといわれています。

ほかにも、茶袱台、飯台、食台、食机など書き方も呼び方もたくさんあります。

一般に使われていたのは四角で、折りたたみ脚になっていました。ちゃぶ台は狭い部屋の中で、子供の勉強机になったり、主婦の家計簿をつけたりといった机代わりに使われました。夜には、足を折りたたんで部屋の隅か廊下に出し、布団を敷き寝室に早替わりできました。つまり、食べるところと寝るところが同じでした。

参考文献

〈1〉　遠藤ケイ「暮らしの和道具」ちくま新書（2006・6・10）
〈2〉　小泉和子「ちゃぶ台の昭和」河出書房新社（2002・11・20）

29

玄米ブームにのる圧力ＩＨ釜

―電気釜の種類と特徴　その四（一九九二〜）―

■圧力ＩＨ釜に各社が参入

一九九二年八月、三洋電機がわが国初の圧力ＩＨ（電磁誘導加熱式）釜を発売しました。特徴は、「一・一気圧まで加圧することにより釜内の温度を一〇三℃まで上げ、炊飯時間がこれまでより早い」ということです。じつは、炊飯時間はあまり短くなりません。例えば圧力なべで豆を煮ると、一般のなべで煮るより短時間にやわらかくなります。しかし、炊飯器でご飯を炊く場合は、α化するために一定の時間が必要です。ご飯が、やわらかくなりすぎてもいけませんので、加圧時間はかなり短くします。結局、総炊飯時間はあまり短くなりません。つづいて一九九六年、象印が圧力ＩＨ釜を発売しました。その後一九九八年一〇月、「月間消費者」がジャー炊飯器の大掛かりなテストを行いました。

その結果、総合では鍛造圧釜の東芝が一位で、圧力タイプの象印が三位、三洋電機は味覚テストではかなりよかったのですが四位となりました。

その後も、各社は圧力方式に慎重でした。しかし、健康食品としての玄米が注目されるようになり二〇〇四年に東芝が、二〇〇五年には日立と三菱電機がそれぞれ圧力ＩＨ釜に参入しました。企業間競争が一層激化する中で、業界の過半数が圧力方式を加えました。

もともと、ずいぶん古くからガス火対応の圧力なべは使われていました。硬い豆や、玄米を、比較的早くやわらかくするのが得意の調理器です。そして、一九八〇年代半ばにヒータとタイマーを組み合わせた「電気圧力なべ」が出現しました。三洋電機など数社が販売していましたが売れ行きが芳しくなく、一九九〇年代にはいると各社とも販売をやめてしまいました。電気圧力なべから、電気釜へと繋いだのが唯一、三洋電機でした。各社が圧力電気釜に踏み切れなかった理由がありました。圧力なべでご飯を炊くと、少しやわらかめになります。さらに、圧力に対抗するため構造を頑丈に作る必要があり、どうしても高くつきました。

■玄米や豆に最適

圧力式のよい点は、気圧の変化に影響されなくなることです。そして、加圧されますと炊飯温度が一〇三～一〇五

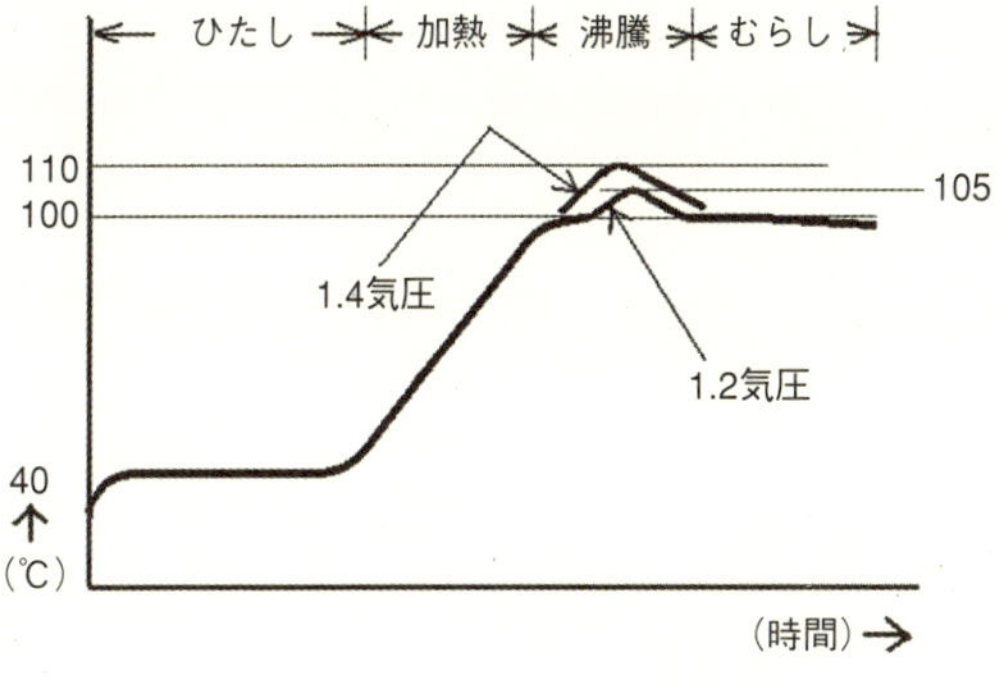

図-1　圧力による加熱温度の差

度と高くなり、ご飯は完璧にα化されます。逆に、α化が進行しすぎてやわらかいご飯にならないようにコントロールします。したがって、炊飯の目的に応じて、グラフに示すように一瞬一・二～一・四気圧、一〇五～一一〇℃に上昇させ、さっと圧力を落とすのが設計のポイントです。

最近注目されている玄米や、発芽玄米の炊飯には加圧時間をやや長く取っています。玄米は、やわらかくおいしく炊き上がります。やはり、圧力釜は玄米炊飯や豆を煮るのに最適です。

圧力釜は、万一調圧弁や安全弁が詰まると爆発の危険がありますので、安全設計には万全を期します。公的機関にテストを依頼し、PSCマーク、SGマークなどの安全基準に合格する必要があります。

図-2　PSCマークとSGマーク

PSCマークとは、経済産業省が定めた「消費生活用製品安全法」の圧力釜の安全基準に適合していることを示す表示です。SGマークは、製品安全協会が定めた認定基準に適合したことを示し、製品の欠陥による人身事故の危害の防止とその救済の保障をする表示です。

カタログでは「忙しい朝には、早炊きで〇〇分」と、相当早く炊けるように印象付けている商品もあります。圧力式ではない炊飯器も「早炊きコース」で炊けば、短い時間で炊けます。「早炊きコース」は、ひたし時間や、むらし時間を減らして炊飯時間を短くしていますので、『味を少し犠牲にしても急ぐ人』が選ぶコースです。

健康食品ブームのいま、圧力ＩＨ釜はまさに玄米炊きに合った炊飯器です。

参考文献

〈1〉「ジャー炊飯器　8銘柄をテスト」月刊消費者、10(1998) 4-19
〈2〉山根一真「しぶといものづくり メタルカラーの時代6」小学館 (2003・8・20) 369-388

30

これからの炊飯技術
―究極のおいしさを求めて―

■情報の収集

『ご飯をおいしく食べる』には、さまざまな情報を徹底的に集めて整理し、分析することが大切です。おいしいご飯を食べるために……①お店と、銘柄の調査、②購入単位の決定、③保管場所、④炊飯前の準備の再確認、⑤炊飯量の決定(食べる量だけ都度炊飯)、⑥多く炊いたときは、お茶碗一杯分に小分けしてラップに包み冷凍……について考えて見ましょう。

炊飯器をあらたに購入するときは、どんなことに注意しますか。高価なものがよいとは限りません。情報の収集源としては、①最近、購入して使っている人の意見を聴く、②日ごろから、チラシや雑誌などの新製品情報を集めておく、③カタログを収集して、比較検討する、④消費生活センターのテスト情報、⑤インターネット情報あるいはインターネットを利用した口コミ情報を参考にする……などです。

ご自身の家庭について、日ごろからどんなことを確認していますか。①家族の人数と、毎回食べる量を明確に把握する、②お茶碗の大きさの確認、③炊飯容量を決める、例えば、〇・五L(三合)

炊きはお茶碗に約九杯分も炊けることの認識、④炊飯器の置き場所や、大きさを確認する……などです。

■新製品に注目

炊飯器を開発・販売する企業は、常に新しい視点で素材の研究、構造の研究に余念がなく、毎年新製品を発売しています。

家電業界は、ＩＨ炊飯方式にたどりついて、いよいよ内なべの素材開発競争の時代に入っています。①最初は、ステンレス鋼版とアルミ合金のクラッド材、②次に、ステンレス鋼板にアルミ合金を流し込む溶湯鍛造、③ステンレス鋼板に銅メッキ、④内なべ(クラッド材)の胴回りを真空に、⑤多層クラッド材、⑥炭素塊を削り込んだもの……と多種多様です。そして……新技術が続々……。

○『土鍋を採用した炊飯ジャー』二〇〇六年六月発表、タイガー魔法瓶

「素地の細かい素焼きの陶器に上薬をかけた土鍋《どなべ》を取り入れた。従来、土鍋での調理は火加減の難しい直火《じかび》を使うしかなかったが、土鍋とＩＨを組み合わせたものを開発した。土鍋は熱を蓄えやすいため、鍋の内部にじっくりと熱が伝わり、米を内側からふっくら炊き上げられるという。ＩＨ機能が鍋の温度を一定に管理し、炊きあがりのムラも抑えられる(原文のまま)」

いま、〝土なべ(むかしからの土なべ)でご飯を炊く〟ブームといわれています。この社会現象に目を向けた企画です。

○『長時間保温でもおいしい真空圧力炊き』二〇〇六年七月発表、東芝

「長く保温してもご飯がおいしい真空圧力炊き。小型真空ポンプを搭載し、内釜を真空状態にできる。真空機能を利用し、炊飯開始前に米に水を十分浸透させる。保温時にも低酸素・密閉状態をつくり出し、ご飯の黄ばみや乾燥を抑える。保温が始まってから約三二時間たっても炊きたてに近い保水状態を維持できる。」

これまでは、ご飯を炊いてから長時間保温すると味が落ちていました。〝酸化を防ぐと、おいしさを長く保てる〟ことに着目しました。

■〝かまどの火力〟を追いかける

さて〝究極のおいしさ〟とは何でしょうか。それは〝かまど炊きのおいしさ〟です。これまでも〝かまど炊きのおいしさ〟に近づくことを目指してきました。薪（たきぎ）などで炊くかまどの特徴は、①火力が大きい、②羽釜の底全体を加熱する、③羽釜の厚さとおき火効果で加熱力が途絶えない、④重いふたで加圧効果……などです。

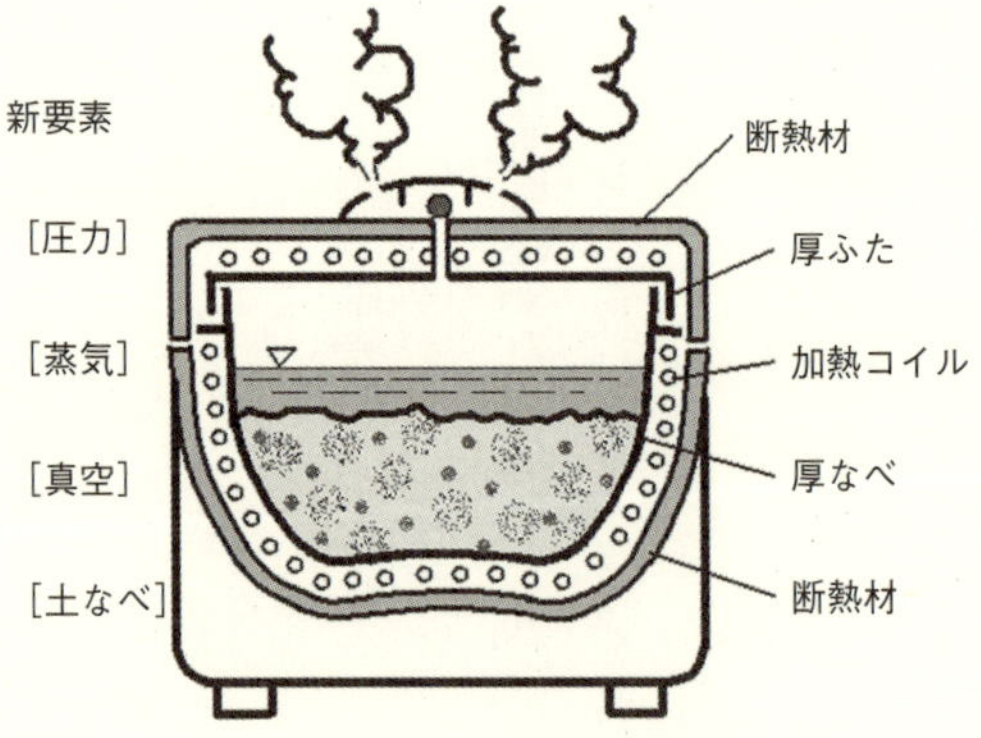

図-1　究極の電気釜（模式図）

そこで究極の炊飯器は、①加熱力の向上、②全周囲からの加熱、③加熱力の追従性を向上、④圧力の利用……などが必要です。

現在の家庭用電源では、一〇〇V、一五Aが限度ですから将来二〇〇Vの商品が現れる可能性も考えられます。〝ご飯をおいしく炊く技術〟に完成はなく、次々と新しい研究成果が商品化されています。おいしいご飯を食べるには、新しい情報から目が離せません。

参考文献

〈1〉小西雅子「絶品 土鍋ごはんの炊き方」生活情報センター（2005・1・10）
〈2〉「土鍋を採用した炊飯ジャー」日本経済新聞（2006・6・9）
〈3〉「長時間保温でもおいしく」日本経済新聞（2006・7・21）

イラスト：柳田早映

5 内なべの回り止め

一九七七(昭和五二)年、〝かまど炊き風 電子保温釜〟を発売しました。この炊飯方式は、それまでの各社の炊飯方式とまったく異なる「輻射加熱方式(オーブンの中で加熱する方式)」でした。そのため、内なべは各社のように底で受け止めるのではなく、内なべの上縁を本体の上縁部に載せています。ご飯を炊いて杓文字《しゃもじ》ですくおうとすると、するっと回りやすく扱いに困りました。

そこで、本体上縁部にシリコンゴム製の小さな突起部を設け回りにくくしました。

時はすぎて、一九八八年はじめてのＩＨ釜が発売されました。ＩＨ釜も、内なべの上端を本体の上端部に乗せた構造です。内なべの途中に、シリコンゴムを取り付けた構造でした。しかし、設計思想は同じです。どんなＩＨ釜も、内なべの回り止めは必要です(図参照)。

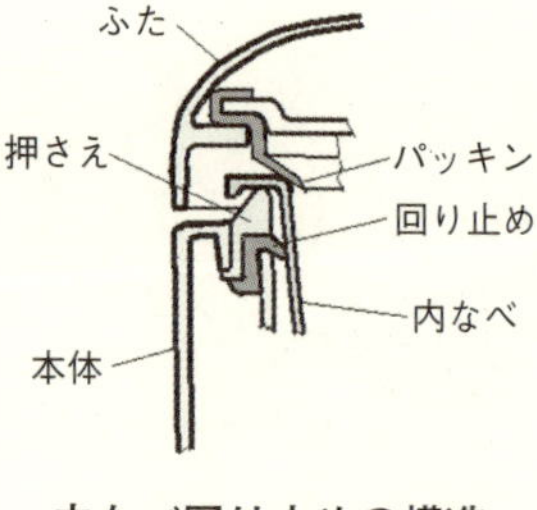

内なべ回り止めの構造

参考文献

〈1〉大西正幸「かまど炊き風電子保温釜」、東芝レビュー、35-5(1980)467-480

付録1　ＩＨ炊飯方式の原理と構造（図Ⅰ－１、図Ⅰ－２参照）

ＩＨ炊飯方式は、誘導加熱コイルに電流を流すことにより、磁力線が発生し、内なべを通るときにうず電流を発生します。このうず電流と、内なべの抵抗によりジュール熱が発生し、内なべ自身が発熱します。内なべの発熱により水が湯になり、沸騰してごはんが炊き上がります。

ＩＨジャー炊飯器の構造は次のようになっています。

ＩＨ：Induction Heating：電磁誘導加熱（二四・五ｋHzの高周波磁界を発生）

ジュール熱：joule（単位記号はＪ）：熱量（仕事あるいはエネルギーを指す）、一Ｎの力で一ｍ動いたときの仕事を一ジュールという。

一、加熱部　誘導加熱コイルによる発熱と、上部と側面部を保温するヒータ（ふたヒータ、側面ヒータ）から構成されている。

Ａ、誘導加熱コイル　内なべの下、本体内部に取り付けられている。直径〇・三～〇・五mm程度の導線（二五～六〇本ほど）をより合わせたリッツ線（注1）に、高周波電流を流すと内なべ自身が発熱する。

Ｂ、ふたヒータ　一般にコードヒータにより、保温する。ＩＨ加熱方式もある。

Ｃ、側面ヒータ　一般にコードヒータにより、保温する。ＩＨ加熱方式もある。

二、内なべ　内なべは外側にステンレス鋼板、内側にアルミ合金を接合したクラッド材を使用する

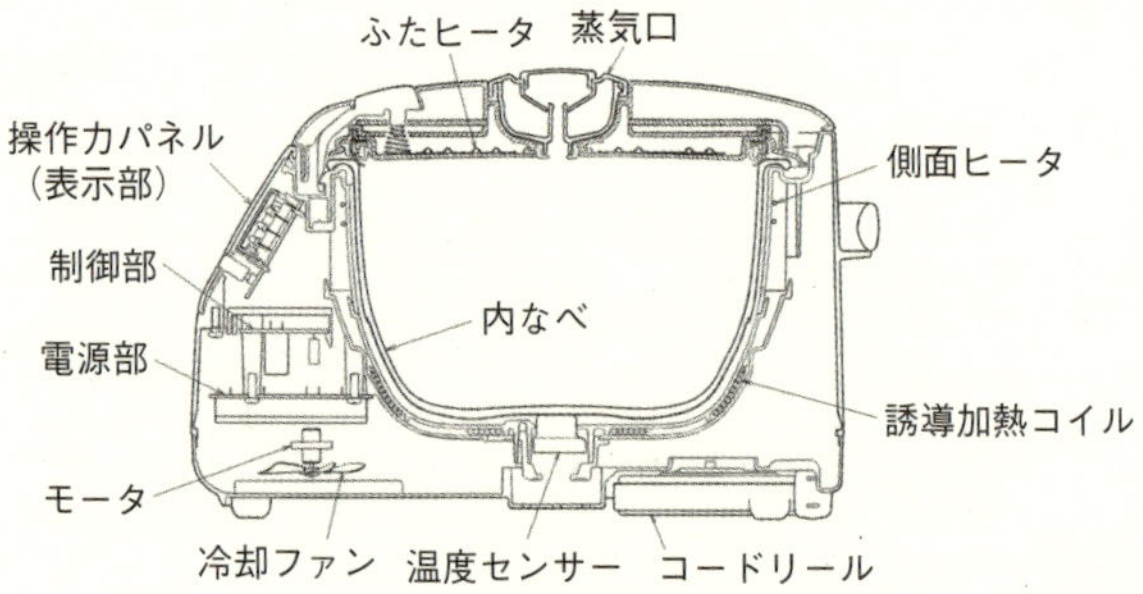

図-1　IH炊飯方式の構造図

（他にも、溶湯鍛造方式、炭素切削法、金属溶射土鍋などがある）。ステンレス鋼は、誘導加熱を効率よくでき、アルミ合金は熱伝導がよいのが特徴である。

三、温度センサー　サーミスタと呼ぶ温度センサーを備え、常時なべ底の温度をチェックしている。ひたし温度コントロール、加熱中の温度勾配、炊飯終了を検知し、保温温度を保つ。

四、操作パネル、表示部　炊飯やタイマー予約などを行う操作ボタンや、動作状況がわかるランプ表示や文字表示、がある。

五、制御部　動作や表示のすべてを制御するマイコン、炊飯終了を知らせるブザーなど。

六、電源部　マイコンを動作させる電源回路と、誘導加熱コイルの制御（マイコンによりＩＧＢＴをＯＮ、ＯＦＦ）を行う。ＩＧＢＴ：スイッチング用トランジスタ

七、モータ、冷却ファン　電源部および制御部の温度上昇を防ぐためのもの。一般に、ファンの下から吸気し、

本体後部から排気する。小容量（〇・五Ｌ）炊きでは、モータ、ファンがなく、音がしない。

八、コードリール　一～一・四ｍのコード線を収納できる。本体と電源部（差込プラグ）の距離の調整に使う。

九、蒸気口　操作部のスイッチを入れると、「ひたし」が終わり、「炊飯」をはじめて、一〇分すぎには沸騰に入る。この蒸気口から、勢いよく蒸気が噴出す。ご飯の旨味であるおねばは、蒸気口の中央で阻止され、一度下方にたまりご飯に戻るふきこぼれ防止の構造である。

十、安全装置

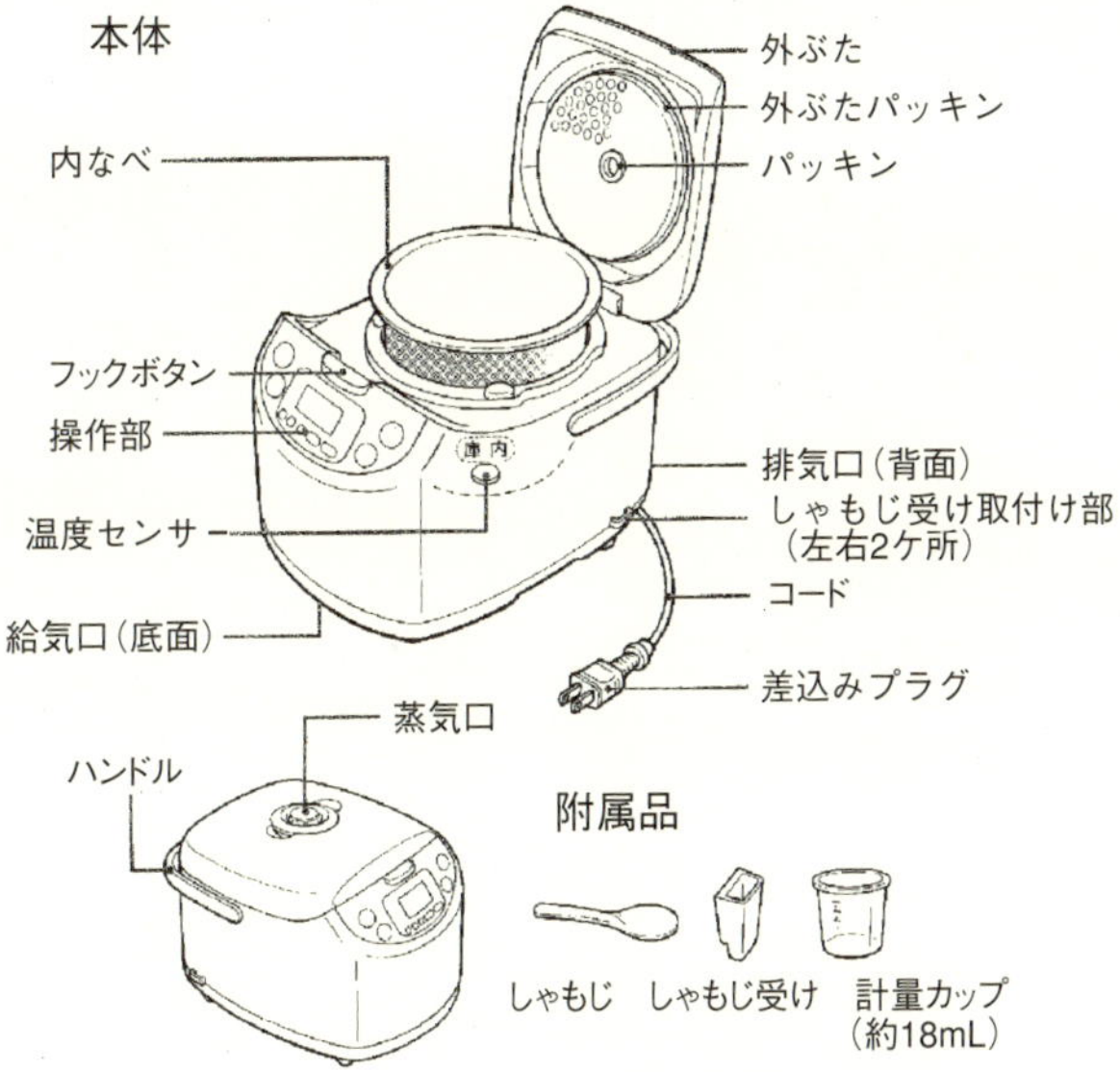

図-2　IHジャー炊飯器の外観

A、温度センサー　水を入れ忘れると検知し動作を停止する。
B、温度ヒューズ　異常が起こり、通常温度以上に過熱すると検知し、電気回路を遮断する。
C、電流・電圧検出回路
電流検出回路：出力部に入力される電流を電流検出コイルで検出し、入力電力を一定に保つよう出力部を制御する。また、過電流を検出すると動作を停止する。内なべの有無も検出する。
電圧検出回路：誘導加熱コイルにかかる電圧を検出し、過電流などを検知すると入力電力を減らすか動作停止する。

（注1）リッツ線：細いエナメル線を複数本撚《よ》り合わせたもの。同じ断面積の単線にくらべ高周波領域での抵抗上昇を抑え、コイルの温度上昇を低くできる。

参考文献

〈1〉「生活家電の基礎と製品技術―電気がま」家電製品協会、ＮＨＫ出版（2005・5・10）17-38

付録2 おいしいご飯の炊き方

おいしいご飯を炊くには、七つの関所があります。すなわち「米の入手」、「貯蔵」、「精米」、「計量」、「洗米（研ぐ）」、「加水（水量計測）」、「浸漬（ひたし）」です。ここでは、炊飯直前の「計量」以降の行程について説明します。

現在使っている炊飯器の容量（大きさ）はいくらですか。

家族の人数が少なくなっているにもかかわらず、大きい容量のまま使っている可能性があります。いつも、二〜三合程度しか炊かないのに、一・〇L(五・五合)炊き、一・八L(一升)炊きで炊飯していませんか。少ないときは、小容量〇・五四L(三合)炊きのほうが、おいしく炊けます。

イラスト：柳田早映

	行　程	詳　細
1	計量	計量カップは，炊飯器購入時に付属している180 ccカップを使用する。 炊飯器本体の内なべの表示1カップは180 ccである。カップに盛り上がる程度に米を入れ，まっすぐな棒状のもので擦り切れに正確に計る。 市販の計量カップは200 cc，300 ccなどと区切りが異なるので注意する。
2	洗米（研ぐ）	洗米の目的は，米のぬか分やゴミを流すことである。最近は精米技術が向上しているので，強く研ぐ必要はない。米研ぎ用の洗い桶を用意する。内なべでも研げないことはないが，すこし小さい。たっぷりの水で手早くかき混ぜさっと水を切るのがよい。2～3回水を入れ替えてかき混ぜ濁りが出なくなるとよい。 米は水につけたとたんに汚れた水を吸い込むので，手早く洗う。 「無洗米」は，文字通り洗米の必要がない。どうしても気になるようなら，1回程度で済ませる。ただし無洗米は，同じカップでは少し多めに入り普通米より重くなる。その分水を増す必要がある。最近の炊飯器は，無洗米専用のカップを付属させるか，内なべに無洗米専用の水位線を設けるか，どちらかである。
3	加水（水量計測）	内なべを，明るく水平な場所に置く。暗いと，水位線が見えにくいので注意すること。また，水を重さで計る場合は生米の重さの20 %増しに，蒸発分を約10 %加える。生米100 gにたいし，水約130 gである。
4	浸漬（ひたし）	一般に，夏なら30分～1時間程度，冬なら2時間以上水にひたす。 マイコン操作の炊飯器は，スイッチを押せば“ひたし”から“炊飯”へと自動で炊き上げる。
5	炊飯	炊飯スイッチを押す。マイコン機能をもつ炊飯器は“ひたし”から“炊飯”へと自動化されている。
6	むらし	最近は，炊飯器に蒸らし機能が付いている。炊飯終了から15～20分後に，つぎの“ほぐし”作業に入る。

参考文献

〈1〉「お米屋さんのためのすぐに役立つ炊飯技術」日本米穀小売振興会(1998・8・3)39-47

	行　程	詳　細
7	ほぐし	“炊飯”が終わり，約20分“むらし”が終わった頃，ふたを開けてしゃもじで底からゆっくりやさしく，上下を入れ替えるように混ぜる。これを“ほぐす”という。再びふたをし，しばらくおいてから食べるとおいしい。 “ほぐす”目的は，ごはんについた余分な水分を取り，ご飯粒の表面に少し張りを持たせることである。歯ごたえのよい艶と透明感のあるおいしいご飯となる。
8	保温	ご飯を食べたあと，炊飯器は“保温”を続ける。保温温度は通常72～73℃である。5～7時間後，次の食事の時間が来たとき，食べる直前に“再加熱スイッチ”を押せば再び80℃近くに温度が上がり，炊きたてに1歩近づく(“再加熱スイッチ”がある場合)。
9	保存	一度にたくさん炊いた場合は，長い保温をするよりも冷凍にしたほうがおいしさを保てる。熱いうちに，1食分ずつ小分けにしてラップに包み，冷凍庫に入れておく。2～3週間は保存できる。電子レンジで解凍する。

付録3 JIS「電気がま及び電子ジャー（JIS C 9212）」

平成五年一月一日　日本工業標準調査会

この電気がまのJIS（日本工業規格）は、一九七二（昭和四七）年に制定されました。その後、一九七六（昭和五一）年に改正し、一九八八（昭和六一）年にジャー炊飯器の規格を入れて改正しました。その後、国際単位系（SI）の導入および字句等をあらため一九九三（平成五）年に改正されました。JISは、定期的に見直しされています。

二〇〇五（平成一七）年四月一日より、新JIS制度の登録申請受付が開始されました。マークのデザインも変わりました。これに伴い、現行JIS表示制度は二〇〇八（平成二〇）年九月三〇日に経過措置完了となります。

1　適用範囲

この規格は、最大炊飯容量3・6L以下で定格消費電力2kw以下の、主に家庭用の電気釜、ジャー兼用電気がま及び最大保温量3・6L以下で、定格消費電力100w以下の主に家庭用の電子ジャーについて規定する。

【解説】 一九七〇年代までは、三・六L（二升）、二・七L（一升五合）といった大容量の機種がありました。しかし、核家族化が進むと同時に、一人当たりの食事量が減り、これらの機種は必要性がなくなりました。今では一・八L炊きが最大容量です。最も多く使われているのは一・〇L炊きです。

2　用語の定義

この規格で用いる主な用語の定義は、次のとおりとする。

(1) **電気がま**　この電熱を利用して、主として米飯を自動的に炊き上げる器具。短時間保温できる機能を持つものも含む。電気炊飯器ともいう。

(2) **電子ジャー**　米飯の容器を、正特性を持つ発熱体によって加熱を行うもの、又は発熱体によって加熱し電子部品もしくは電子回路で温度制御を行い米飯を保温する器具。

(3) **ジャー兼用電気がま**　電子ジャーの保温機能を備えた電気がま、ジャー炊飯器ともいう。

(4) **最大炊飯量**　電気がま及びジャー兼用電気がまによって1回に炊飯できる米の最大容量（L）。

(5) **最大保温容量**　電子ジャーの内容器に1回に入れて保温できる米飯の最大容量「炊飯前の米の量で表す（L）」。

(6) **直接式**　米と水とを入れた内なべを直接加熱して炊飯する方式。

(7)**間接式**　内なべには、米と水を入れ、内なべと外釜の間に一定の量の水を入れて、内なべを間接的に加熱して炊飯する方式。
(8)**本体**　ふた及び内なべ又は内容器を除いた部分。
(9)**器体**　本体とふた及び内なべ又は内容器の総称。
(10)**内なべ**　電気がま及びジャー兼用電気がまの米と水を入れる容器。
(11)**外がま**　間接式の内なべを入れる容器。
(12)**内容器**　電子ジャーの米飯を入れる容器。

【解説】　一九五五(昭和三〇)年、初めて世に出た自動式炊飯器は間接式です。一九五六(昭和三一)年に直接式が発売されました。一九七八(昭和五三)年、新方式(空気間接加熱)の発売により間接式は順次入れ替わりました。一九八八(昭和六三)年、ＩＨ釜が新たに加わりました。一九七二(昭和四七)年、ジャー兼用電気がまが開発された時期に、当時のＪＩＳとの整合性がないため、ＪＩＳマークの取得および表示をしておりません。これら新しい構造について、追加などの作業が遅れましたが、構造試験、性能試験などには支障はありません。

3　**種類**

電気がま及び電子ジャーは、機能によって分け、次の3種類とする。

(1)電気がま(又は電気炊飯器)

(2)電子ジャー

(3)ジャー兼用電気がま(又はジャー炊飯器)

【解説】　これらの「種類の呼称」は、各企業とも必ずしもJISの種類と合致しておりません。

現在、＜炊飯＋保温＞のものが大部分で他は僅少です。一般的に使われている呼称を紹介します。

(1)電気釜、炊飯器、

(2)電子ジャー、

(3)保温釜、IH保温釜、ジャー炊飯器、IHジャー炊飯器、炊飯ジャー、IH炊飯ジャー

4　定格電圧及び定格周波数
定格電圧は、単層交流３００V以下、定格周波数は、50Hz、60Hz又は50Hz／60Hz共用とする。

【解説】　市場に出ているものは50Hz／60Hz共用です。

5　性能
5・1〜5・7　略
5・8　炊飯性能
5・8・1　炊飯
(1)白米炊飯の場合は、8・8・1(1)によって試験を行ったとき、しんがなく、また、著しいたきむら、著しい焦げ、びしょつきがなく炊けていなければならない。
(2)おこわ炊飯の場合は、8・8・1(2)によって試験を行ったとき、しんがなく、また、著しいたきむら、著しい焦げ、びしょつきがなく炊けていなければならない。
(3)おかゆ炊飯の場合は、8・8・1(3)によって試験を行ったとき、しんがなく、柔らかく、また、著しい煮くずれがなく炊けていなければならない。

5・8・2　ふきこぼれ

8・8・2によって試験を行ったとき、おねばが台上に滴下することがなく、また、スイッチなどの電気部分に侵入して電気的支障を生じてはならない。

【解説】 炊飯性能における言葉の意味は次のとおりです。

しん：米粒の形状が崩れずに残り、半煮えの飯粒ができること。
著しい炊きむら：しんとびしょつきが部分的に多くあり、食用に適さないこと。
著しい焦げ：食用に適さない焦げで炭状の焦げになること。
びしょつき：米粒の形状が崩れ、のり状になること。
ふきこぼれ：おねばが台上に滴下する。炊飯中に米と水が沸騰によっておねばとなり、ふたと器体外郭との間から外郭に沿って台上に流れ落ちる状態をいう。
煮くずれ：全がゆから五分がゆで炊いたとき、米粒の形状がなくなり、のり状になること。

5・9　保温性能

5・9・1　保温温度

次の各項に適合しなければならない。

(1)保温機構を備える電気がまは、8・9・1によって保温試験を行ったとき、米飯の温度が80℃以上であり、著しい焦げの進行がないこと。

(2)ジャー兼用電気がまは、8・9・2(1)、電子ジャーは8・9・2(2)によって保温試験を行ったとき、米飯の各測定箇所の温度が67～78℃であり、著しい焦げの進行、異臭及び著しい渇変がないこと。

5・9・2　保温温度むら

ジャー兼用電気がまは8・9・2(1)、電子ジャーは8・9・2(2)によって保温試験を行ったとき、各測定値の最高と最低の平均値と各測定値との差は1・5℃以内でなければならない。

5・10～5・18　略

【解説】 保温温度は、衛生学的な面と植物学的な立場から学識経験者の意見を加えて決められています。当初のＪＩＳでは六五～七七℃でしたが、技術水準が向上したことから六七～七八℃に変更されました。

保温性能における言葉に意味は次のとおりです。

著しい焦げの進行：食用に適さない焦げとなることで、きつね色から焦げが進み炭状の焦げになること。

異臭：食用に適さない異様なにおいのこと。

著しい褐変：食用に適さない褐変で、ごはんが著しく褐色に変化すること。

6　構造　略

7　材料　略

8　試験方法

8・1～8・7　略

8・8 炊飯性能試験

8・8・1 炊飯試験

炊飯試験は次によって行う。

(1) 白米炊飯　洗米後30分間、水温約20℃の水で浸水した白米を用い、定格電圧において、内なべに表示された白米の最大炊飯容量及び最小炊飯容量の標準水位で、それぞれ白米炊飯を行う。

(2) おこわ炊飯　洗米後所要時間、(製造業者の指定した時間)浸水したもち米(製造業者の指定した種類・配合による)を用い、定格電圧において、内なべに表示されたおこわの最大炊飯容量、及び最小炊飯容量の標準水位で、それぞれおこわ炊飯を行う。

(3) おかゆ炊飯　洗米後所要時間(製造業者の指定した時間)浸水した白米(製造業者の指定した種類・配合による)を用い、定格電圧において、内なべに表示されたおかゆの最大炊飯容量、及び最小炊飯容量の標準水位で、それぞれおかゆ炊飯を行う。

(注) 硬め、柔らかめの表示がある場合は、硬め、柔らかめの中間の水位を標準水位とする。

8・8・2　ふきこぼれ試験

ふきこぼれ試験は次によって行う。

(1)白米炊飯の場合、定格電圧、白米の最小炊飯容量とその場合の内なべに表示された柔らかめの水位(柔らかめの表示がないものは、標準水位)で、洗米後30分間浸水した白米の炊飯を行う。

(2)おこわ炊飯の場合、定格電圧、おこわの最小炊飯容量とその場合の内なべに表示された柔らかめの水位(柔らかめの表示がないものは、標準水位)で、洗米後所要時間(製造業者が指定した時間)浸水したもち米(製造業者の指定した種類・配合による)でおこわ炊飯を行う。

(3)おかゆ炊飯の場合、定格電圧、おかゆの最小炊飯容量とその場合の内なべに表示された柔らかめの水位(柔らかめの表示がないものは、標準水位)で、洗米後30分間浸水した白米を用いおかゆ炊飯を行う。

【解説】　現在販売中の炊飯器は、ほとんどがマイコンコントロールされていて、いきなり炊飯ボタンを押しても、自動で「ひたし工程」にはいります。あらかじめ三〇分ひたしてスイッチを入れますと、浸しを二回行うことになります。

8・9　保温性能試験

8・9・1　電気がまの保温性能試験

8・8・1の方法で最大炊飯容量において炊飯終了後、常温(20±15℃)において定格電圧で1時間の保温を風の影響を受けない状態で行い、米飯の温度を測定する。測定箇所は、**図-2**に示す電気がまの中央1点とする。

8・9・2　ジャー兼用電気がま及び電子ジャーの保温性能試験

次によって試験を行う。

(1)ジャー兼用電気がまは、8・8・1の方法によって最大炊飯容量において炊飯後、むらしに時間が設定されていないものは15分間、むらしの時間が設定されているものは、その時間むらしを行い米飯を

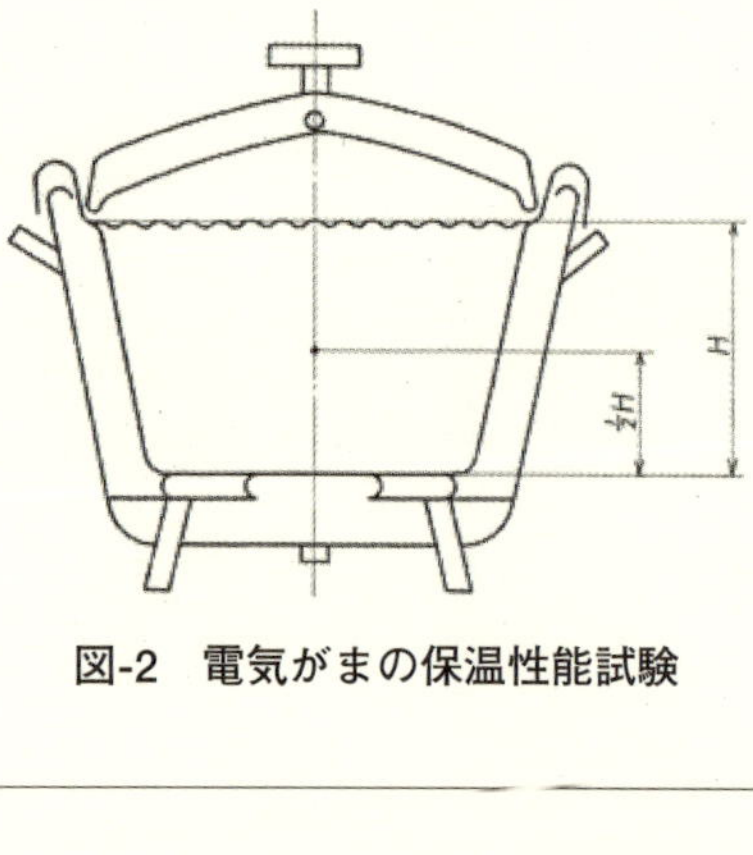

図-2　電気がまの保温性能試験

かき混ぜた後、周囲温度5℃および35℃の風の影響を受けない状態において、定格電圧で12時間の保温を行い、米飯の温度を測定する。測定箇所は図Ⅰ-3に示す内なべ内3点とする。

(2) 電子ジャーは、他の炊飯器で最大保温米飯量に相当する米飯を炊飯し、むらしを15分完了した直後、米飯をかき混ぜ内容器にいれ周囲温度5℃及び35℃の風の影響を受けない状態において、定格電圧で12時間の保温を行い、米飯の温度を測定する。測定箇所は図Ⅰ-4に示す3点とする。

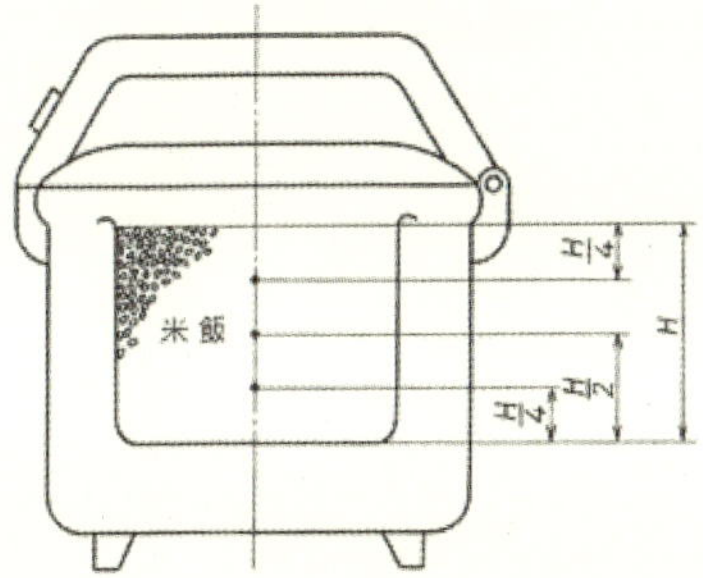

図-3　ジャー兼用電気がま保温性能試験

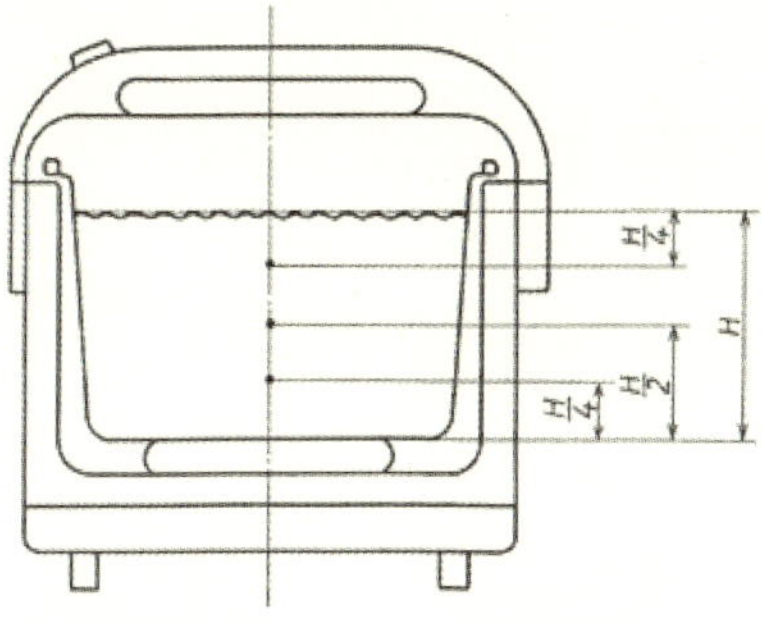

図-4　電子ジャーの保温性能試験

8・10～8・18　略

9　検査　略

【解説】　米（ごはん）の中の温度を測定する作業は、変動しやすく細心の注意が必要です。

10　製品の呼び方

製品の呼び方は、種類及び最大炊飯容量又は最大保温米飯容量による。

例1　電気がま1・8L炊き

例2　ジャー兼用電気がま2・7L炊き

例3　電子ジャー1・8L

【解説】　カタログ表示では、一・八L（一升炊き）、一・〇L（五・五合炊き）のように表示されています。

11　表示

11・1　器体表示

本体の見やすいところに容易に消えない方法で、次の事項を表示しなければならない。

（注）　見やすいところとは、外郭の表面又は工具などを使用せずに容易にふたなどで覆われた外郭の内部の表面をいう。

(1)種類
(2)最大炊飯容量又は最大保温容量
(3)定格電圧
(4)定格周波数(ただし、10wを超える電動機又は10VAを超える変圧器をもつものに限る)
(5)定格消費電力(ジャー兼用電気がまの場合は炊飯時の消費電力)
(6)製造年又はその略号
(7)製造業者名又はその略号
(8)製造番号又はロット番号

11・2　包装表示

包装する場合には、包装ごとに表面の見やすいところに容易に消えない方法で、次の事項を表示しなければならない。

(1)種類
(2)製造業者名又はその略号

【解説】「電気用品安全法」という法律と関連します。

12 使用上の注意事項

次の事項について、本体、下げ札、取扱説明書などに明記しておかなければならない。この場合、使用者に理解しやすい文章又は絵によって行うものとする。ただし、該当しないものは除く。

(1)電源コンセントの容量に関する注意
(2)使用場所についての注意
(3)使用後の手入れの方法とその際の注意
(4)器体に水をかけることの禁止
(5)保温に関する注意
(6)その他、製品個々の性能や特徴に応じて必要と判断される事項

【解説】「家庭用品品質表示法」という法律と関連します。

付録4 お米の系図

「元祖コシヒカリ原種米」―福井県五〇年記念五〇俵―

これは、二〇〇六年三月五日、読売新聞に載った記事の見出しです。福井農業試験場がブランド米コシヒカリを開発してからちょうど五〇年を迎え、県は大切に守ってきた原種で記念米を育て販売するということです。コシヒカリは新潟で生まれた米とはいい切れない複雑な経緯があります。

酒井義昭著「コシヒカリ物語」(中公新書)によれば、『……コシヒカリの誕生から普及への歩みは、決して平坦ではなかった。何度もあわや破棄処分という危機に見舞われるなど、まさに波乱に満ちた歩みを続けながら、ついに日本一の王座に上り詰めた品種であり、次のような「七不思議」の謎に包まれた品種である』と述べています。

① 戦争末期の一九四四(昭和一九)年、新潟県農業試験場にて「農林二二号」を母に、「農林一号」を父として人工交配されました。その目的はイモチ病対策でした。味のよい米を目指したのではありませんでした。

② じつは、コシヒカリはイモチ病に弱いのです。なぜ、このような育種目標に反する品種が破棄されずに生き残れたのでしょうか。

③ 一九四六(昭和二一)年、新潟県農事試験場でこの交配から六五株が育ち、一九四八(昭和二三)年に二〇株を福井県農業試験場に送りました。「越南一七号」と命名されました。のちのコシヒ

カリです。

④一九五三（昭和二八）年、福井県は「越南一七号」を近隣の都道府県に送り適応性試験を行いました。各地でも不評でしたが、とくに地元福井県でも不評のため〝推奨品種〟になりませんでした。

一九五五（昭和三〇）年、新潟県と千葉県で「「越南一七号」は倒伏しやすいが、品質がよい」という理由で、〝推奨品種〟に

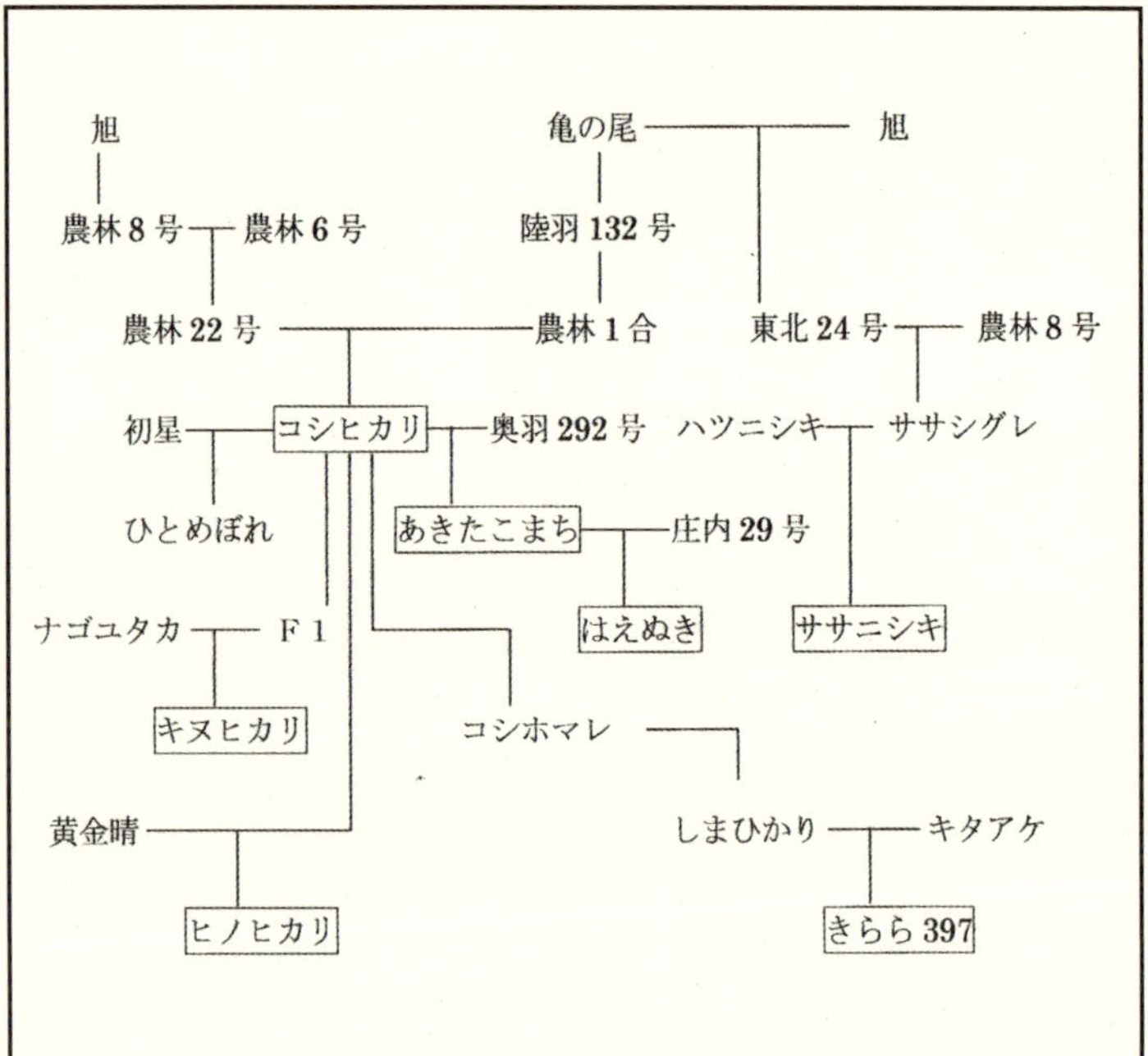

資料：全国農業協同組合連合会(全農)

図-1　お米の系図

決定しました。一九五六(昭和三一)年、農林省の認定が得られ関係者で話し合った結果「越の国に輝く」という意味の「コシヒカリ」という名がつけられました。なお、農林水産省の登録番号は「農林一〇〇号」です。

⑤以前は東日本と西日本では、米の味について好みが違っていたといわれていました。ところが、コシヒカリは東日本でも西日本でも味が好まれました。

⑥草丈が高く、倒伏しやすいコシヒカリは、稲作の機械化には不向きと考えられていました。しかし、機械化された後も栽培面積が増えていきました。

⑦イネの品種の寿命は、一般に一〇年といわれますが、コシヒカリは誕生以来すでに五〇年、今尚作付面積は増えています。

すなわち、味をよくするという本来の目的でもない新品種が、多くの偶然のなかから「コシヒカリ」を生み出したという、まさに推理小説のような秘話がたくさんあります。詳しくは、「お米の系図」を見ながら、ぜひ「コシヒカリ物語」を読んでみてください。

参考文献

〈1〉 酒井義昭「コシヒカリ物語」中公新書(1997・5・15)

付録5 電気釜開発史年表

・特許庁調査報告書『家庭電化製品』((社)発明協会)に加筆したもの

西暦	日本暦	企業名	特徴(概略)		型名
1921	大10	鈴木商会	「炊飯電熱器」発売(東京)	手動式	
1924	大13	立花商会	「電化釜」を発売(大阪)		
	昭初	早苗商会	「電気釜」を発売(東京)		
1932	昭7	三菱	「手動式電気釜」		N-1
1954	昭29	松下	「軽便炊事器」(炊飯器)		
1955	昭30	東芝	世界初の「自動式電気釜」(間接加熱式)		ER-4他
			『グッドデザイン賞』受賞		
1956	昭31	松下	直接加熱式電気釜		EC-36
1960	昭35	三洋	自動保温式電気釜		EC41
1961	昭36	東芝	コンセント付電気釜		RC-10Y
1967	昭42	東芝	フッ素加工の電気釜		RC-6LHF
1970	昭45	東芝	ハンディ式電気釜		RC-102
1972	昭47	三菱	ジャー兼用電気釜		NJ-1600
1974	昭49	松下	IC採用電子ジャー炊飯器		
1978	昭53	東芝	かまど炊き風電子保温釜		RCK-100
1979	昭54	松下	マイコン内臓電気釜		SR-6180FM
1980	昭55	東芝	おかゆ炊き兼用電気釜		RCO-181
1983	昭58	三菱	コンパクト電気釜		NJM-B10MT
1984	昭59	日立	2合炊き保温釜		RZ-440
		東芝	多機能制御マイコン保温釜		RCK-10BMC
1985	昭60	三洋	上ブタ着脱式ジャー炊飯器		ECJ-U3
1986	昭61	三菱	本体プラスチック化ジャー炊飯器		NJM-C10MT
1988	昭63	三菱	本体・内なべ四角型ジャー炊飯器		NJ-A10M
		松下	IH(電磁誘導加熱)ジャー炊飯器		SR-IH10
1992	平4	三洋	圧力IHジャー炊飯器		ECJ-IH10
1994	平6	東芝	鍛造圧釜IH保温釜		RCK-W10Y
1997	平9	松下	コンパクトIHジャー炊飯器		SR-IH
1999	平11	三菱	ステンレス張り本体IHジャー炊飯器		NJ-BE
2001	平13	象印	真空内釜IH炊飯ジャー		NH-RA10
2003	平15	松下	高温スチームIHジャー炊飯器		SR-SHA
2006	平18	三菱	炭素内なべジャー炊飯器		NJ-WS10
		タイガー	土鍋IH炊飯ジャー		JKF
		東芝	真空圧力炊きIH保温釜		RC-VS

参考文献：特許庁調査報告書「電気釜開発史」『家庭電化製品』(発明協会)
1994年，106頁

付録6 電気釜の主な特許・実用新案（大正時代から、昭和三五年頃まで）

調査　2005年12月～2006年1月　特許庁にて　　大西　正幸

NO.	公告日	公開番号	発明の名称	発明者	出願日	登録番号
47	1976・10・5	T.S51-35908	保温式炊飯器	高橋正晨(三菱)	1972・4・17	
46	1962・5・1	T.S37-1332	保温装置付電気釜	奥田文一(三菱)	1960・9・3	
45	1959・10・21	S34-16846	電気炊飯器	菅　義彦(三洋)	1958・1・27	
44	1959・11・2	S34-17676	三重電気炊飯器	飯田　清(日立工機)	1958・3・24	
43	1959・8・1	S34-11973	電気炊飯器の発熱装置	菅　義彦(三洋)	1958・2・17	
42	1959・7・23	S34-11462	電気炊飯器の発熱装置	菅　義彦(三洋)	1958・2・1	
41	1959・7・3	S34-10244	直熱式電気炊飯器	益田貞三(日立)	1958・8・22	
40	1959・2・20	S34-2259	電気釜	奥田文一(三菱)	1957・3・18	
39	1958・9・11	S33-14771	電気自動炊飯器	奥田　豊(松下)	1956・12・27	
38	1958・7・11	S33-9663	電気自働炊飯器	奥田　豊(松下)	1956・12・22	
37	1958・4・22	S33-5865	二重煮炊器	三並義忠(東芝)	1956・12・27	
36	1958・4・5	S33-4880	二重煮炊器	三並義忠(東芝)	1956・12・27	
35	1958・2・26	T.S33-1289	自働保温装置付電気炊飯器	田中正市	1956・10・3	
34	1957・12・24	S32-16272	炊飯具	三並義忠(東芝)	1955・11・30	
33	1957・9・11	S32-10768	電気煮炊器の保温回路付加熱装置	篠原幹興(東芝)	1956・12・17	
32	1957・7・24	S32-7749	電気自働炊飯器	三並義忠(東芝)	1955・5・2	
31	1957・8・7	T.S32-5987	三重電気自働炊飯器	三並義忠(東芝)	1955・5・2	
30	1957・4・26	S32-3053	電熱を利用した煮水兼保温櫃	福井正三	1955・6・16	
29	1957・4・26	S32-3050	三重電気炊飯器	三並義忠(東芝)	1955・5・2	
28	1956・12・25	S31-20187	電気煮炊器	坂本達之亮(松下)	1955・2・25	
27	1955・8・12	S30-11378	鍋付密閉型電熱焜炉	手塚昭三	1954・2・19	
26	1949・3・25	S24-2469	携帯電熱煮炊器	尾美芳秋	1946・12・6	366130
25	1929・11・4	S1251	電気炊事器	—	1929・7・6	
24	1949・7・29	S23-6776	電熱炊飯器	馬場清右エ門	1948・5・20	
23	1949・1・10	S21-6549	電気密閉竈	鈴木時光	1949・1・10	
22	1948・12・24	S21-9687	燻土竈	鈴木作太	1946・10・26	
21	1948・12・24	S21-6295	電気煮炊器に於ける電熱滞取着装置	今泉秋吉	1946・8・3	
20	1948・12・17	T.S23-3397	電気式自働煮水装置	長束正規	1946・8・15	
19	1948・12・3	S23-4459	電熱煮炊器	渡邊米八	1946・6・5	
18	1948・12・3	S23-4460	電熱煮炊器	川島竹雄	1946・5・11	
17	1948・8・6	T.S23-1345	電気炒事釜	安田直政	1946・7・1	
16	1946・10・5	J.356955	電極式電気炊飯器	古市高治	1945・4・5	
15	1946・8・7	J.356095	電極式電気炊飯器	澤田吉政	1945・11・13	
14	1946・6・18	J.355551	電熱利用自動煮炊器	木幡強兵	1946・1・12	
13	1940・5・28	J.S15・6917	圧力釜	宮田藤太郎	1939・11・1	
12	1938・4・19	J.S13・5542	炊事器	木下四郎(松下)	1937・4・6	
11	1932・12・19	J.18551	電熱釜	内山昭吉郎	1932・6・21	
10	1932・5・24	J.S7・6194	電熱竈	益田重雄＋2	1931・4・17	
9	1931・12・8	J.S16・15107	電気飯炊器	奥田憲太郎	1931・8・14	
8	1931・3・19	J.S6・3024	電熱煮炊器	元田庄一	1930・11・28	
7	1930・8・26	J.S5・10205	電気煮炊器	舟橋重次郎	1929・12・30	
6	1929・11・4	J.12519	電気炊事器	—	1929・7・6	
5	1929・2・5	J.S4・1274	電気煮炊器	布村　寛(三菱)	1928・7・31	
4	1927・6・26	J.S2・6708	電熱煮炊器	永野　敏	1925・12・15	大正15年
3	1927・5・23	J.S2・4550	煮水用電熱器	石川頼次(芝浦SS)	1925・5・13	大正15年
2	1922・2・19	J.5526	炊飯電熱器	佐々木峰太郎	1921・8・30	大正11年
1	1922・1・18	J.4286	密閉式電気竈	高尾直三郎(日立SS)	1921・6・22	大正11年

昭和四年 實用新案出願公告第一三七四號　第二百一類　一、電熱器

願番號　昭和三年第一七三九四號
出願　昭和三年七月三十一日
公告　昭和四年二月五日

名古屋市東區大曾根町百六十二番地ノ百四十九番戸
考案者　布村寛
東京市麴町區八重洲町一丁目一番地
出願人　三菱電機株式會社
東京市麴町區永樂町一丁目一番地
丸ノ内ビルディング内七階七百五十六區
代理人　辨理士　曾我清雄

電氣煮炊器

圖面ノ略解　圖面ハ本案電氣煮炊器ノ一例ニシテ第一圖ハ直立側面圖第二圖ハ其平面圖ナリ而シテ何レモ一部ヲ截除シ内部構造ヲ明瞭ナラシメタリ

實用新案ノ性質、作用及效果ノ要領　圖面ニ於テ(1)ハ器胴(2)ハ脚(3)ハ前記器胴ノ中央ニ設ケタル凹所ヲ示ス(4)ハ抵抗發熱線ヲ納置スル溝ヲ其上面ニ有セシメタル陶磁器製盤卽所謂電熱盤ニシテ前記凹所(3)ノ底ノ中央ニ支體(5)ヲ以テ支持セシメテ設置スルモノトス(6)ハ前記盤ノ上面ニ設ケタル溝(7)ハ該溝ニ納置シタル抵抗發熱線ナリ(8)ハ碍子ノ如キ耐熱絶縁性ヲ有スル支體ニシテ前記凹所(3)ノ面ニ接シテ配設シタル環狀支枠(9)(10)(11)及(12)ニ定着ス(13)ハ前記支體(8)ニ懸架支持セシメタル抵抗發熱線ナリ(14)ハ釜環(15)ハ導線ヲ示ス

本案電氣煮炊器ニ於テハ斯ノ如ク發熱部ヲ凹面狀ニ形成セシメ且該發熱部ヲ中央部ト其ノ周邊部トニ分チ發熱量最モ大ナルヲ要スル中央發熱部ハ陶磁器製盤ノ上面ニ溝ヲ設ケ該溝ニ抵抗發熱線ヲ納置シタル所謂電熱盤ヲ以テ構成シ以テ抵抗發熱線ノ密ナル配置ヲナシ得ヘクシ發熱量甚タシク大ナルヲ要セサル周邊發熱部ハ複數個ノ耐熱絶縁支體ヲ支點トシテ抵抗發熱體ヲ懸架シタルモノヲ以テ構成シ以テ其構造ヲ簡單ナラシメ且破損ノ虞ヲ少カラシメタリ

從ツテ抵抗發熱線ノ配置簡單且容易ニシテ而モ構造堅牢ナル利アリ又中央發熱部ト周邊發熱部トノ抵抗發熱線回路ヲ各別又ハ同時ニ

三十三

三十四

開閉シ得ヘクナス事ニヨリ本案煮炊器ハ各種ノ煮炊容器ニコレヲ適用セシメ得ヘシ

尚凹所ノ内面ヲ熱反射面ニ構成スルトキハ本案煮炊器ノ效果ヲ一層増大セシメ得ルモノナリ

登錄請求ノ範圍　圖面ニ示スカ如ク電氣煮炊器ノ凹面狀ヲナス發熱部ヲ中央部ト其ノ周邊部トニ分チ中央發熱部ハ陶磁器製盤ノ表面ニ溝ヲ設ケ該溝ニ抵抗發熱線ヲ納置シタルモノヲ以テ構成シ周邊發熱部ハ複數個ノ耐熱絕緣支體ヲ支點トシテ抵抗發熱體ヲ懸架シタルモノヲ以テ構成シタル構造

實用新案出願公告第一一二七四號

第一圖

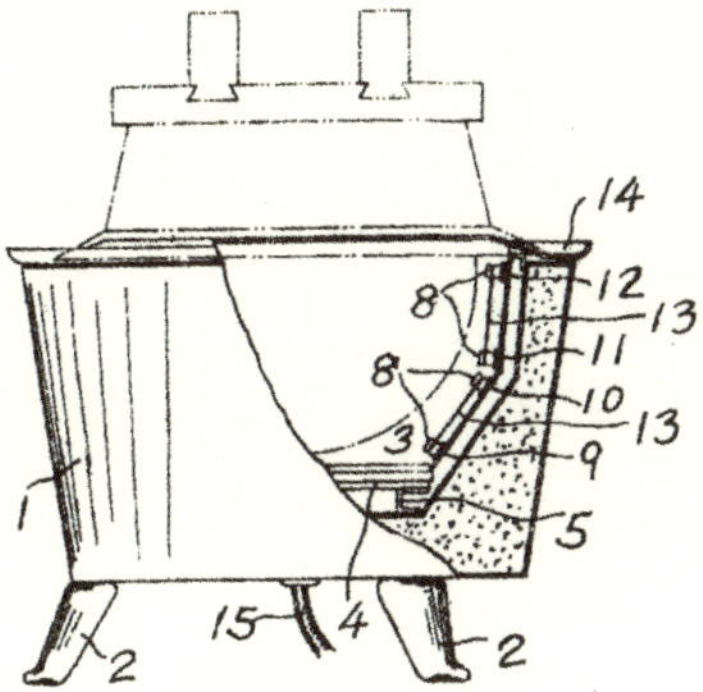

第二圖

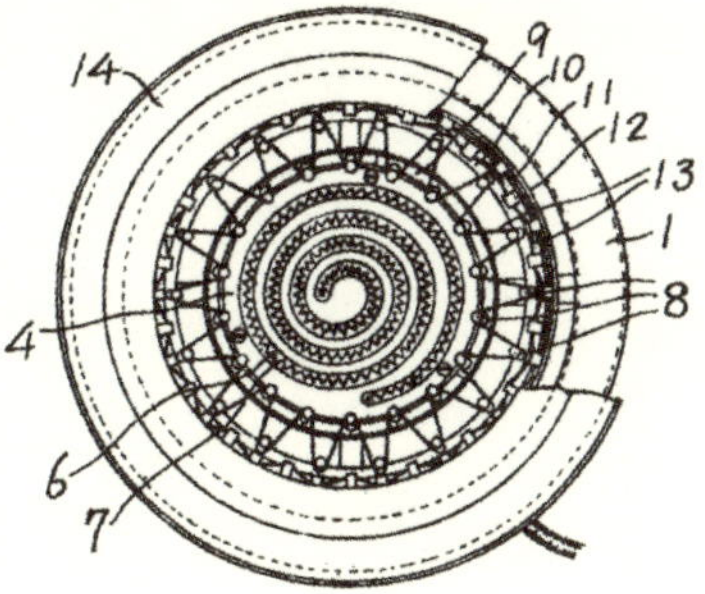

付録7 昭和三十年代の電気釜を見ることができる博物館

ラピタ 二〇〇三年一月号（別冊付録）より

1. 東芝科学館
神奈川県川崎市幸区小向東芝町一番地
電話　〇四四-五四九-二二〇〇
http://www2.toshiba.co.jp/kakan/
昭和三〇年発売の世界初自動式電気釜、わが国初の電気洗濯機、電気冷蔵庫、電気掃除機など国産一号機商品が数多く展示されている。土、日、祝は休館日。

2. 松下電器歴史館
大阪府門真市大字門真一〇〇六
電話　〇六-六九〇六-〇一〇六
http://www.matsushita.co.jp/corp/rekishikan/
昭和三四年発売の炊飯器をはじめ、ヒットした電気洗濯機、電気冷蔵庫、電気アイロンその他AV機器を含め六〇点が展示されている。土、日、祝および会社休日は休館日。

3. 相模原市立博物館
神奈川県相模原市高根三-一-一五
電話　〇四二-七五〇-八〇三〇
http://www.remus.dti.ne.jp/~sagami/index.htm
相模原市の歴史を原始時代から負って見ることができる。一九六〇年代後半~一九七〇年代前半に住宅団地で使われていた家電商品が展示されている。炊飯器、冷蔵庫、掃除機、扇風機、アイロン、ミキサー、コタツ、ラジオ、テレビなど。休館日は不定期だが、基本的に月曜日が多い。

4. 師勝町歴史民族資料館
愛知県西春日井郡師勝町大字熊之庄字御榊五三
電話　〇五六八-二五-三六〇〇
http://www.nhk-chubu-brains.co.jp/aichi/shikatsu/index_afureru1.html
昭和三十年代の日用品、生活用品を集めた生活資料館。電気製品は東芝の電気釜、扇風機、ポップアップトースター、ミキサー、日立の白黒テレビ、松下の攪拌式洗濯機、掃除機、三菱の手絞り機付洗濯機など約二〇〇点を展示。休館日は月曜日、第三日曜日、月末日。

5．松戸市立博物館

千葉県松戸市千駄堀六七一

電話　〇四七−三八四−八一八一

松戸の常盤平団地の二DKを復元。東芝製電気釜、電気コタツ、富士電機製扇風機、その他各社のテレビ、ラジオなども展示。休館日は月曜日、第四金曜日。

参考文献

〈1〉「懐かしのニッポン家電大全集」ラピタ（2003・1）付録、34

付録8　炊飯器に関連する法律

家庭電気製品は、商品にもよりますがほとんど毎日休みなく使用されています。炊飯器は、家庭により一日に一回の炊飯もあれば、二回、三回のときもあります。また、年中保温電源が入ったままの場合もあります。

各企業がより安全な商品を販売するために、国として定めた法律がたくさんあります。ここでは、「消費者契約法」、「製造物責任法」など大枠（すべての商品に関わる）の法律ではなく、炊飯器など家電商品に関わる「電気用品安全法」、「家庭用品品質表示法」について現状を確認します。

1　電気用品安全法

一九九九（平成一一）年八月六日、「通商産業省関係の基準・認証制度などの整理および合理化に関する法律案」として、それまで長い間使われていた電気用品取締法を含む一一法案が改正・公布された。このとき以来、電気用品取締法は「電気用品安全法」に改称された。

電気用品安全法では、製造事業者における安全性確保能力の向上などを踏まえ、政府認証を廃止すると共に、自己確認原則の下、民間検査機関の導入など民間における自主的な安全確保計画の確立を図るなど、従来の取締りを主体とした事前規制から、民間による「安全」確保体系への事後規制に制度移行が行われた。

a. 政府認証から事業者自身による確認を基本とする(自己認証)。特に危険性が高いと判断される電気用品については、第三者検査機関による適合性検査を義務付ける。

b. 第三者検査機関について、公益法人に限らず民間企業の参入を可能とする。

c. 技術基準への適合の確認について検査記録の作成・保存を拡充する。

d. 危険な電気用品の迅速かつ的確な排除を可能とするため、新たに表示禁止命令、回収命令を規定するなど、製品流通後における措置を充実する。

e. 法令違反に対する十分な抑止効果を図るため、検査の方法などに対する「改善命令」、販売した製品の「回収命令」、悪質な違反に対する法人重課(一億円以下の罰金)を導入するなど罰則を適正化する。

【法人重課:違反の行為者を罰するだけでなく、その行為者の属する法人に対しても刑罰を科す】

表示マーク

	電気用品分類		表示マーク（どちらか）	
1	特定電気用品―一一一品目	電気温水器など	(PS)E	PSE（ひし形）
2	特定電気用品以外―三四三品目（一般電気用品）	炊飯器を含む一般家電製品	〈PS〉E	PSE（丸形）

(PSE：Product Safety, Electrical Appliance & Materials)

第三者認証制度について

一九九五（平成七）年に電気用品取締法が改正され、ほとんどの電気用品が政府認証（甲種）から、事業者による自己認証（乙種）に移行したのを受けて、事業者が自ら行う電取法の技術基準適合試験や製品安全確保というチェックを民間の機関が行う第三者認証制度が発足した。

第三者認証の公正な運営および普及を目的として、電気製品認証協議会が設立され、認証機関には、電気安全環境研究所（JET）と日本品質保証機構（JQA）がある。

適合品には　マークが表示される。

2　家庭用品品質表示法（品表法）

家庭用品の品質に関する表示の適正化をはかり、一般消費者の利益を保護することを目的として、一九六二（昭和三七）年五月四日（法第一〇四号）で制定公布された。

一般消費者が製品の本質を正しく認識し、その購入に際し不測の損失を被ることのないように、事業者に適正な表示を要請し、消費者保護を図っている。その後、技術革新や生活スタイルの変革などの社会環境の変化に対応し、一九七三（昭和四八）年、一九八四（昭和五九）年などに改正されてきた。

規制緩和推進の観点から、一九九六（平成八）年五月二一日（法第四四号）で大幅な改正が行われ、一九九七（平成九）年一〇月一日（政令第三〇九号）で繊維製品、合成樹脂加工品、電気機械器具、雑貨工業品に関する品目を政令で定め、省令で表示内容の詳細が定められた。

炊飯器など一般家電製品にかかわる電気機械器具表示規定は、一九九七（平成九）年一二月一日（告示第六七三号）で施行され、電気機械器具の本来の機能や品質の特性に関わる表示、使用上の注意の表示、表示した者の氏名または名称の表示が規定されている。

表示をしなかったり、表示基準通りの表示をしない事業者には指示を出し、従わない場合は事業者名を公表するなど、消費者に著しく不利益を与えると認められる場合は、適正表示命令、販売を禁ずる強制表示命令などの罰則がある。

品目	品質に関する表示事項
ジャー炊飯器	①炊飯容量　②使用上の注意

家庭用品品質表示法による表示
ジャー炊飯器(保温釜)　　○○○（型名）

炊飯方式　直接加熱式
炊飯容量　1.0L　　　　コードの長さ　1.2m
使用上の注意
（イ）電源は、必ずコンセントを使用すること。
（ロ）電気の通ずる部分を水に浸したり、水をかけたりしないこと。
（ハ）保温中は必ず電源に接続しておくこと。
（ニ）精白米飯以外の食品には変質しやすいもの（赤飯、まぜご飯、コロッケ、グラタン、茶碗蒸し等）があるので、できるだけ保温しないこと。
（ホ）味噌汁、カレー汁などの汁ものは保温しないこと。
（ヘ）電子ジャーとして使用するときは、冷えた米飯の加熱はしないこと。
（ト）しゃもじを入れたまま保温しないこと。
（チ）保温中はふたを必ず閉めておくこと。
（リ）なべは使用ごとに良く洗って清潔に使うこと。
（ヌ）コンロなどの熱源の近くで使用しないこと。
（ル）精白米飯の保温は、12時間以内のこと。
（ヲ）内なべには金属ヘラ、ナイロンたわし、クレンザー等を使用しないこと。
株式会社　□□△△

家庭用品品質表示法による表示例

表示は、消費者の見やすい箇所にわかりやすく記載すること、となっている。なお、「家庭用品品質表示法」、「電気用品安全法」による表示は、定められた条件内で併記してもよいことになっている。

参考文献

〈1〉「ＰＳ（製品安全）ガイドブック総集編」家電製品協会（2001・5）165-168
〈2〉「生活家電の基礎と製品技術—関連する法規の概要」家電製品協会、ＮＨＫ出版（2005・5・10）403-436

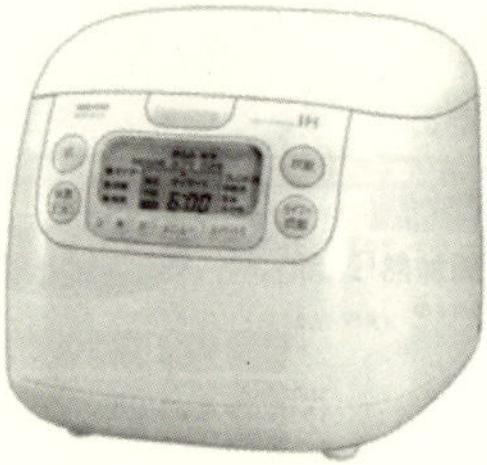

参考文献（年代順まとめ）

〈1〉大西正幸 他「家庭電気製品信頼性設計」東芝レビュー、29-12（1974）1063-1068
〈2〉藤巻宏他「炊飯米の光沢による食味選択の可能性」農業および園芸、50-2（1975）3-17
〈3〉高橋正晨他、特許公報「保温式炊飯器」三菱電機、昭51-35908、公告（1976・10・5）
〈4〉「おいしいごはんの本」東芝（1979・8）13
〈5〉大西正幸「最新 電子ジャーの徹底研究Ⅱ」電気店、23-3（1980）62-69
〈6〉「東芝の電気釜 〝おかゆさん〟」電波新聞（1980・3・26）
〈7〉大西正幸「かまど炊き風電子保温釜」、東芝レビュー、35-5（1980）476-480
〈8〉山田正吾 他「家電今昔物語」三省堂（1983・7・10）
〈9〉大西正幸 他、実用新案公報「煮炊器」昭60-804、公告（1985・1・11）
〈10〉旭守男「マイコン保温釜〝セレクト〟の信頼性設計」第15回日科技連シンポジューム（1985・5）147-150
〈11〉豊口協「Gマークのすべて」日本実業出版社（1985・9・15）
〈12〉「炊飯器改良は食味追及の歴史 東芝 大西正幸」商経アドバイス（1987・1・1）
〈13〉「〈五万円〉の電気釜は買う値打ちがない」暮らしの手帳18-2・3（1989）42-43

〈14〉「一風変わった炊飯器」月刊消費者、3(1989)16-18
〈15〉「電磁調理器テキスト」日本電機工業会、3(1989)5-9
〈16〉横尾政雄 他「米のはなし」技報堂出版(1989・4・25)
〈17〉大森英樹 他「IHジャー炊飯器」ナショナルテクニカルレポート、松下電器、35-5(1989)4-9
〈18〉「IH炊飯器をテストする」暮らしの手帳 (1994)54-64
〈19〉小泉和子「台所道具いまむかし」平凡社(1994・9・30)
〈20〉「東芝、溶湯鍛造内鍋を採用したIH炊飯器を発売」日経メカニカル(1994・10・17)10-11
〈21〉「電気釜開発史　家庭電化製品」発明協会(1995・3)88-107
〈22〉大橋秀行「IHジャー炊飯器用『ステンレス／アルミニウムクラッド製鍋』の完成まで」ステンレス協会、39-6(1995)14-16
〈23〉杉原勝宣、高木章次「鍛造厚鍋採用IH保温釜の開発」電機、567-10(1995)28-31
〈24〉池田ひろ 他「米食の性状と構造の関係について(第1報)」日本家政学会誌、47-9(1996)877-887
〈25〉佐原真「食の考古学」東京大学出版会(1996・10・18)
〈26〉相田洋「新・電子立国—2マイコン・マシーンの時代」NHK出版(1996・11・20)
〈27〉「春商戦は、東芝ミニ釜が市場席けんの兆し」家電ビジネス、3(1997)97-100
〈28〉酒井義昭「コシヒカリ物語」中公新書(1997・5・15)
〈29〉池田ひろ 他「米食の性状と構造の関係について(第2報)」日本家政学会誌、48-10(1997)875-

884
〈30〉「お米屋さんのためのすぐに役立つ炊飯技術」日本米穀小売振興会（1998・8・3）39-47
〈31〉「ジャー炊飯器8銘柄をテスト」月刊消費者 10（1998）4-19
〈32〉「新計量法とＳＩ化の進め方」通商産業省（1999・3）
〈33〉伊藤健三「ご飯をおいしく炊く技術」日本機械学会誌、 102-967（1999）40-41
〈34〉「家庭電気機器変遷史」家庭電気文化会（1999・9・20）9-10
〈35〉島田晴雄「高齢・少子化社会の家族と経済」ＮＴＴ出版（2000・3・24）
〈36〉「倒産からの大逆転劇　電気釜―プロジェクトＸ未来への総力戦」ＮＨＫ出版（2001）252～255
〈37〉「ＰＳ（製品安全）ガイドブック総集編」家電製品協会（2001・5）165-168
〈38〉大谷泰夫「ご飯が美味しいＩＨジャー炊飯器」住友金属工業ＨＰ（2002）
〈39〉「にっぽん家事録」建築資料研究社（2002・5・21）024-063
〈40〉「無洗米の品質・安全衛生・環境性などを調べる」たしかな目、 国民生活センター 192-7（2002）40-50
〈41〉小泉和子「ちゃぶ台の昭和」河出書房新社（2002・11・20）
〈42〉「懐かしのニッポン家電大全集」ラピタ（2003・1）付録、 34
〈43〉大西正幸他「誘導加熱式炊飯器の最適内鍋形状」高温学会誌、 29-2（2003）63-67

〈44〉山根一真「しぶといものづくり　メタルカラーの時代6」小学館（2003・8・20）369-388
〈45〉「三菱電機デザイン史」三菱電機（2004・3）
〈46〉小西雅子「絶品　土鍋ごはんの炊き方」生活情報センター（2005・1・10）
〈47〉中野嘉子他「同じ釜の飯」平凡社（2005・1・11）
〈48〉「炊飯器の開発」松下テクニカルジャーナル、51-3（2005）13-15
〈49〉「生活家電の基礎と製品技術—電気がま」家電製品協会、ＮＨＫ出版（2005・5・10）17-38
〈50〉「生活家電の基礎と製品技術—関連する法規の概要」家電製品協会、ＮＨＫ出版（2005・5・10）403-436
〈51〉「未知なる家族」日本経済新聞社（2005・9・1）
〈52〉「新　日本語の現場　方言の今＊14」読売新聞（2005・12・9）
〈53〉「土鍋を採用した炊飯ジャー」日本経済新聞（2006・6・9）
〈54〉遠藤ケイ「暮らしの和道具」ちくま新書（2006・6・10）
〈55〉「長時間保温でもおいしく」日本経済新聞（2006・7・21）

おわりに

今から四十数年前、就職したばかりのことでした。就職先が電機メーカー（東芝）ですから、まず最初に電気釜を購入し、実家に送りました。母は、涙を流して喜んでくれました。もちろん当時実家では、かまどに羽釜をおいてワラや薪《たきぎ》で炊いていました。台所は煤《すす》で汚れ、裸電球ひとつの暗い土間《どま》でした。まだ、ラジオ以外に家電商品がない時代でした。

はじめに配属されたのは、技術部洗濯機技術課です。めぐり合わせでしょうか、約一五年後に電気釜などを担当する新しい技術部に転属となりました。主力は電気釜ですが、ほかに電気オーブン、コーヒーメーカー、餅つき機など調理機器の担当です。五年後に工場を離れ、家庭電機事業部の商品企画部門や技術開発全体の責任者として、多くの商品とともに電気釜とかかわってきました。

時代は変わり、調理事業の開発と生産はほとんどグループ会社の工場に移りました。会社生活の最後の六年間は、このグループ会社に転職となり、他の商品とともに電気釜の開発に携りました。電気釜とのかかわりは、約二三年間になります。

電気釜を開発するということは、常にこれまでのどの釜よりも便利でおいしく炊けるものでなければなりません。毎年、新たな構想の下に新機種を企画し、同時進行で試作と実験を繰り返します。本文にもありますが、計器で測定するだけではありません。「おいしさ」の最後の決め手は『食べて判断する』のですから、毎日何回も炊飯しては食べ比べます。自社、他社商品との比較ですから、数も多く簡単ではありません。通常の食事と関係なく食べ比べますので、胃をわるくしたこともありました。

このように、多くの企業が新型商品の開発をつづけています。しかし、「おいしさ」ではいまだ三〇〇〇年の歴史がある「かまど」炊きにかなわないようです。その証拠に、多くのカタログに『・かまどの火加減を再現・石のせ本かまど・かまどの極意・かまど炊きのうまさに迫る・真空かまど釜……』などの「かまどことば」が踊っています。

本書は、約一年七か月にわたり農村報知新聞に連載していた「探求！　美味しいご飯」の記事（二〇〇四年九月より二〇〇六年三月まで、一九回連載）を発展させたものです。この記事に、あらたに一一回分を加筆するとともに、参考資料を添えて『電気釜でおいしいご飯が炊けるまで―ものづくりの目のつけどころ・アイデアの活かし方―』として出版することになりました。

出版するにあたり、執筆のご指導をいただいた技報堂出版の石井洋平氏に、心よりお礼を申し上げます。

また、執筆中毎日進行状況を心配しながら励ましてくれた妻（光子）に感謝します。

二〇〇六年一一月

大西正幸

■著者紹介■

大西　正幸（おおにし　まさゆき）

1940年　兵庫県生まれ。生活家電研究家。
1962年　姫路工業大学（現 兵庫大学）（機械工学科）卒業後（株）東芝入社、家電事業部門の技師長など担当。
2000年　（有）テクノライフ設立、代表取締役、商品企画・開発手法の研修、講演、ISO品質マネジメントシステム審査員ほか。
2004年　新潟大学大学院（自然科学研究科）修了。博士（工学）。
雑誌の記事、新聞のコラムを執筆。

電気釜でおいしいご飯が炊けるまで

—ものづくりの目のつけどころ・アイデアの活かし方—

定価はカバーに表示してあります。

2006年12月20日　1版1刷発行　　ISBN4-7655-4452-4 C0053

著　者　大　西　正　幸
発行者　長　　滋　彦
発行所　技報堂出版株式会社

〒101-0051　東京都千代田区神田神保町1-2-5（和栗ハトヤビル）
電　話　営　業（03）（5217）0885
　　　　編　集（03）（5217）0881
　　　　ＦＡＸ（03）（5217）0886
振替口座　00140－4－10
http://www.gihodoshuppan.co.jp/

日本書籍出版協会会員
自然科学書協会会員
工学書協会会員
土木・建築書協会会員

Printed in Japan

装幀：ジンキッズ　印刷・製本：技報堂